Certificación medioambiental de edificios. ENAC018PO

Roberto Pérez Huguet

ic editorial

Certificación medioambiental de edificios. ENAC018PO
© Roberto Pérez Huguet

1ª Edición

© IC Editorial, 2024

Editado por: IC Editorial
c/ Cueva de Viera, 2, Local 3
Centro Negocios CADI
29200 Antequera (Málaga)
Teléfono: 952 70 60 04
Fax: 952 84 55 03
Correo electrónico: iceditorial@iceditorial.com
Internet: www.iceditorial.com

ISBN: 978-84-1184-309-6
Depósito Legal: MA 1785-2024

Impresión: PODiPrint
Impreso en Andalucía – España

Nota de la editorial: IC Editorial pertenece a Innovación y Cualificación S. L.

Especialidad formativa

Se entiende por especialidad formativa la agrupación de contenidos, competencias profesionales y especificaciones técnicas que responde a un conjunto de actividades de trabajo enmarcadas en una fase del proceso de producción y con funciones afines.

Las especialidades formativas de Uso General, Formación Complementaria, Formación Modular y las especialidades formativas dirigidas a la obtención de certificados de profesionalidad se incluyen en el Fichero de Especialidades del Servicio Público de Empleo Estatal para su gestión en todo el territorio nacional por cualquier Administración competente.

Las especialidades complementarias, pertenecen todas a la Familia profesional de Formación Complementaria (FCO) y tienen la consideración de formación transversal en áreas que se consideran prioritarias tanto en el marco de la Estrategia Europea para el Empleo y del Sistema Nacional de Empleo como en las directrices establecidas por la Unión Europea. Se consideran áreas prioritarias las relativas a tecnologías de la información y la comunicación, la prevención de riesgos laborales, la sensibilización en medio ambiente, la promoción de la igualdad, la orientación profesional y aquellas otras que se establezcan por la Administración competente.

Las especialidades de Certificado de profesionalidad tienen una duración especificada en su normativa reguladora.

En el resultado de la búsqueda, se muestran las unidades de competencia, todos los módulos formativos con su duración y las unidades formativas del certificado correspondiente, con su duración. Las horas del certificado, exclusivo de las especialidades de certificado de profesionalidad, con alta igual o superior a 2008, son las horas totales más las horas del módulo de Prácticas Profesionales no Laborales.

- ➲ **Si la especialidad tiene unidades formativas,** las horas totales, presencial, distancia, teleformación serán igual a la suma de esas horas de las unidades formativas de los distintos módulos, sin que se repita ninguna Unidad formativa.

⮞ **Si la especialidad no tiene unidades formativas,** las horas totales, presencial, distancia, teleformación serán igual a las sumas de esas horas de los módulos formativos, eliminando las horas de los módulos repetidos.

https://sede.sepe.gob.es/especialidadesformativas/RXBuscadorEFRED/BusquedaEspecialidades.do

(Fuente: Servicio Público de Empleo Estatal)

Índice

OBJETIVOS GENERALES

Los objetivos generales **Certificación medioambiental de edificios. ENAC018PO,** son:

- ⮕ Identificar las características principales de los diferentes sistemas de evaluación de la sostenibilidad en edificación, sus requisitos técnicos y documentales, así como su metodología de trabajo y etapas del proceso de certificación, con objeto de determinar el sistema de evaluación más adecuado a cada caso.
- ⮕ Introducir en los aspectos básicos referentes a la edificación sostenible, los sistemas y estándares de la sostenibilidad, así como el impacto ambiental y las herramientas para su evaluación.
- ⮕ Conocer los distintos sistemas internacionales que permiten la certificación ambiental de los edificios.
- ⮕ Definir los distintos sistemas nacionales que permiten la certificación ambiental de los edificios.

Unidad de aprendizaje 1

Introducción a los sistemas de certificación ambiental

Contenido

1. Introducción
2. Qué se entiende por una edificación sostenible
3. Sistemas de medición de la sostenibilidad en edificación
4. Sistemas de evaluación de la sostenibilidad
5. Estándares de sostenibilidad
6. Herramientas de evaluación
7. Características comunes y tendencias
8. Análisis de las categorías de impacto ambiental: energía, atmósfera, agua, materiales, residuos, biodiversidad, etc.
9. Resumen

Objetivos

El objetivo general de esta Unidad de Aprendizaje es:

→ Introducir en los aspectos básicos referentes a la edificación sostenible, los sistemas y estándares de la sostenibilidad, así como el impacto ambiental y las herramientas para su evaluación.

Los objetivos específicos de esta Unidad de Aprendizaje son:

→ Conocer qué se entiende por una edificación sostenible.

→ Identificar los sistemas de medición de la sostenibilidad en edificación.

→ Analizar las distintas categorías de impacto ambiental.

→ Seleccionar la herramienta más adecuada para la evaluación medioambiental de una edificación.

→ Identificar el apartado del informe medioambiental en el que se debe incorporar la alternativa de que no se lleve a cabo un proyecto constructivo.

1. Introducción

La edificación sostenible es el proceso en el que intervienen los aspectos funcionales, ambientales y económicos para construir o rehabilitar edificios y viviendas de forma que sean respetuosos con el medio ambiente, accesibles, confortables y que la vida en su interior sea saludable.

La **certificación ambiental** trata de evaluar las obras y rehabilitaciones de los edificios teniendo en cuenta los mismos parámetros para todos ellos, lo que permite comparar los edificios y las rehabilitaciones desde un punto de vista constructivo.

A lo largo de esta unidad de aprendizaje, nos acompañarán Cristiana y Marian, que trabajan en su propio estudio de arquitectura y que quieren comenzar a integrar la certificación y la sostenibilidad ambiental en sus proyectos.

2. Qué se entiende por una edificación sostenible

☞ **HILO CONDUCTOR**

Marian y Cristiana han oído hablar mucho en su sector de la edificación sostenible y la arquitectura bioclimática, por lo que quieren empezar conociendo las características fundamentales de estas y poder evaluar el impacto que tienen sobre los edificios y en el entorno en el que se ubican. Se iniciarán en el conocimiento estructural del Código Técnico de la Edificación, que regula las obligaciones que deben cumplir los proyectos relacionados con la edificación sostenible.

Una **construcción o rehabilitación sostenible** es aquella en la que se han utilizado materiales y procesos constructivos que tienen un bajo impacto medioambiental, que son respetuosos con el medio ambiente y se han fabricado con materiales naturales, reciclados o reciclables y no contaminantes.

No debemos perder de vista que la finalidad de la edificación sostenible es **lograr edificios respetuosos con el medio ambiente sin olvidar la rentabilidad del proyecto.** Esto implica un cambio en el sector, puesto que hasta no hace mucho tiempo primaban las construcciones en las que lo importante era la rentabilidad económica, sin tener en cuenta el impacto medioambiental que se producía.

 SABÍAS QUE...

A raíz del estudio del crecimiento económico del llamado *Club de Roma* y la crisis petrolífera del año 1973, se empezó a pensar en el cuidado del medio ambiente y el ahorro energético.

El Club de Roma fue creado en el año 1968 con el objetivo de abordar las diferentes crisis humanitarias y planetarias.

El aumento del consumo y el crecimiento de la población de forma exponencial ha provocado que los recursos naturales se encuentren en peligro, por lo que hay que tratar de recuperarlos para que las futuras generaciones sigan pudiendo disfrutar de ellos. Este aumento del consumo ha provocado la aparición de las desigualdades sociales y económicas que han empobrecido a una parte de la población y han enriquecido a la otra.

Para ello se centra en el **cambio de las políticas económicas globales,** que actualmente se centran en conseguir un crecimiento del producto interior bruto por encima de todo como herramienta de medida de la prosperidad de los Estados.

El Club de Roma ha establecido cinco áreas sobre las que es necesario trabajar: energía climática, recuperación y reestructuración económica, repensar las finanzas, liderazgo juvenil y civilizaciones emergentes.

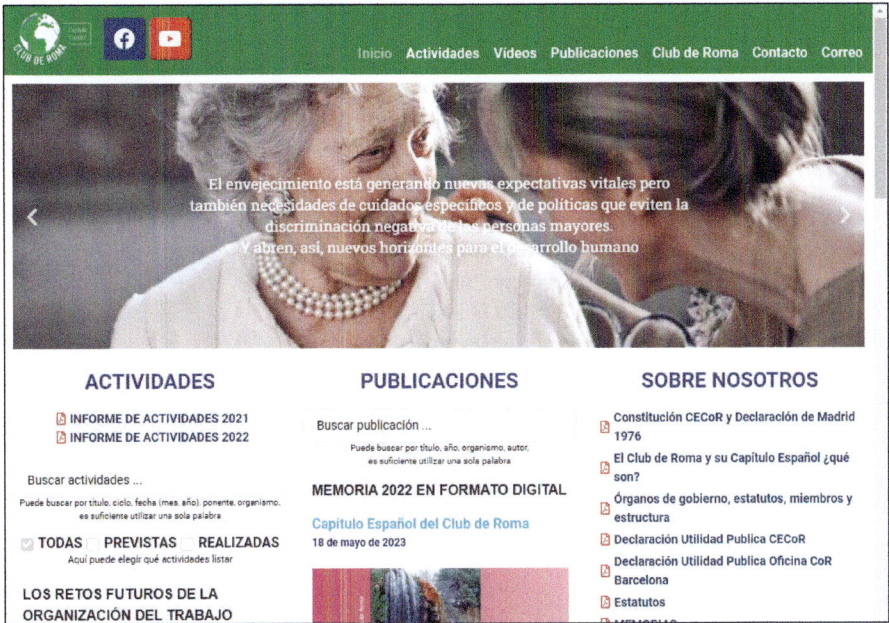

Página web del Capítulo Español del Club de Roma (https://clubderoma.es)

2.1. Arquitectura bioclimática

Para llevar a cabo las rehabilitaciones o construcciones de edificios sostenibles, nos podemos apoyar en la arquitectura bioclimática, que es la rama especializada en la integración del elemento arquitectónico con el entorno en el que se ubica, cuidando el equilibrio y la armonía con el medio ambiente.

La arquitectura bioclimática se caracteriza por tener los siguientes objetivos:

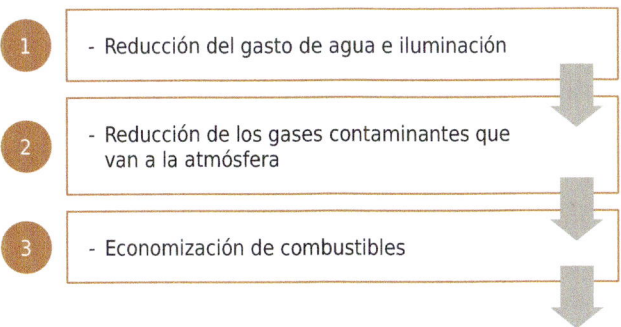

1	- Reducción del gasto de agua e iluminación
2	- Reducción de los gases contaminantes que van a la atmósfera
3	- Economización de combustibles

Continúa en página siguiente >>

[13]

<< Viene de página anterior

 4 — Considerar los efectos que la edificación tiene sobre su entorno, como residuos, vegetación, consumo de materias primas, etc.

 5 — Conseguir un ambiente interior de acuerdo con la temperatura, la humedad, el movimiento y la calidad del aire

Para conseguir estos objetivos, se diseñan **edificios pasivos** que tratan de aprovechar al máximo los distintos elementos de su entorno, así como el diseño de sus interiores, de manera que sean lo más acogedores posibles y que utilicen la mayor cantidad de energías posibles que ofrece la naturaleza, para lo que se tendrán en cuenta:

⊃ **Emplazamiento:** es importante seleccionar el emplazamiento en el que se va a llevar a cabo la construcción del edificio o vivienda sostenible.

Se deben evitar las zonas saturadas atmosférica o acústicamente, así como aquellas en las que haya líneas eléctricas o suelos con problemas de asentamientos.

Una opción que se puede barajar es la **rehabilitación de un edificio existente** manteniendo la mayor cantidad de elementos estructurales posibles, lo que reducirá el impacto medioambiental del proyecto en el proceso constructivo.

El entorno en el que se ubique el edificio debe contar con **zonas verdes,** que, además de reducir la contaminación atmosférica, también ayudan al confort térmico y climatológico de sus residentes.

Se deben evitar las zonas saturadas y apostar por las zonas con amplios espacios de esparcimiento.

- **Orientación:** la orientación correcta del edificio nos ayudará a reducir la energía necesaria para establecer la temperatura interior de la casa. Si la construcción se lleva a cabo en una zona soleada, esta debe estar orientada **hacia el sur,** lo que mejorará el confort ambiental y reducirá el gasto energético mediante el uso de otras fuentes energéticas.
- **Autoconsumo:** el uso de fuentes de energía renovables o el autoconsumo reduce la dependencia de otras fuentes energéticas que pueden generar contaminación medioambiental, por lo que, si se reducen, se ayuda a disminuir el impacto ambiental.

  La energía más usada en los edificios es la **energía fotovoltaica,** por las facilidades que tiene para su instalación, aunque también podemos encontrar otras fuentes de energía no contaminantes como la energía de la biomasa o geotérmica, además de las solares, eólica o hidráulicas.

El autoconsumo se encuentra en auge gracias a las ayudas ofrecidas por las Administraciones públicas para instalar estos sistemas.

- **Aislamiento:** debemos establecer un buen **aislamiento térmico** que reduzca las variaciones térmicas en su interior evitando las pérdidas energéticas por marcos, ventanas, puertas, con lo que reduciremos el consumo energético. Para ello podemos usar aislamientos tipo SATE, ventanas de doble cristal o rotura de puente térmico, que suponen un ahorro de energía de entre un 60 y 90 %.
- **Materiales:** si utilizamos **materiales naturales o reciclables,** ayudamos a reducir el impacto medioambiental que se produce en su generación. Algunos elementos naturales o reciclables son los ladrillos cerámicos, la piedra o la madera. En el caso de los elementos plásticos, estos deben ser no tóxicos y ecológicos, como es el caso de pinturas, imprimaciones, aislamientos, etc.

Una acción que se lleva a cabo de forma regular en las viviendas es el uso de pinturas.

◗ **Verificación:** es conveniente la instalación de **elementos de control** que ayuden a analizar el comportamiento de los sistemas y que evalúen la sostenibilidad del edificio o vivienda, además de avisar en el caso de la aparición de funcionamientos incorrectos.

De igual manera que se definen para las nuevas construcciones o rehabilitaciones de edificios, se establecen una serie de medidas para tratar que las ciudades también sean sostenibles para conseguir un entorno sostenible en todos los aspectos y no exclusivamente en los constructivos.

 **DEFINICIÓN**

Sostenibilidad

Consiste en satisfacer las necesidades de las generaciones actuales sin comprometer o poner en riesgo las necesidades de las generaciones futuras.

- -

Los indicadores que se establecen para analizar la sostenibilidad de una ciudad se basan en los siguientes pilares:

◗ **Económicos:**

　◗ **Tasa de desempleo**

　　◗ Porcentaje de personas ocupadas y en desempleo

- Porcentaje de empleos relacionados con la sostenibilidad medioambiental

○ **Crecimiento económico**

- Tasa anual de crecimiento del producto interior bruto
- Porcentajes de crecimiento de las exportaciones, inversiones directas e indirectas

⊃ **Entorno**

○ **Espacios verdes**

- Zonas verdes del entorno
- Porcentaje de vegetación con respecto a la población o zona de influencia

○ **Eficiencia energética**

- Reducción de los gases de efecto invernadero
- Aumento de las fuentes energéticas eficientes
- Porcentaje de energías que provienen de fuentes renovables

○ **Movilidad**

- Medios de transportes usados; bicicletas, peatones, transporte público o privado
- Costes de los viajes y tiempos que se invierten en estos

○ **Calidad del agua**

- Disponibilidad de agua
- Porcentaje de población que tiene acceso al agua potable y calidad de esta

○ **Calidad del aire**

- Respeto de los límites de materia particulada (PM 10 mg/m^3)
- Limitación de los niveles de materia particulada (PM 2,5 mg/m^3)

○ **Residuos y reciclaje**

- Indicadores de porcentaje y tasas de reciclado
- Volumen de residuos sólidos urbanos generados

➲ **Entorno social**

◑ **Entorno**

- ↕ Análisis del barrio, ciudad
- ↕ Establecimiento de los servicios vecinales
- ↕ Nivel de seguridad

◑ **Alojamiento**

- ↕ Porcentajes de tipos de viviendas; sociales, de protección oficial o libre
- ↕ Tipos de propiedad y grado de ocupación de las viviendas del entorno (propietario, alquiler, individual, pareja, etc.)

◑ **Espacios públicos**

- ↕ Estado de los espacios públicos y las infraestructuras
- ↕ Porcentaje espacios verdes, parques infantiles, con respecto a la cantidad de la población del entorno

◑ **Educación**

- ↕ Cantidad y tipología de los centros escolares (públicos, concertados, privados)
- ↕ Grado de alfabetización de los residentes
- ↕ Programas de sensibilización medioambiental

◑ **Saneamiento**

- ↕ Acceso a la infraestructura de aguas residuales
- ↕ Depuración de las aguas residuales y reutilización del agua de lluvia

◑ **Salud**

- ↕ Tasas de nacimiento, mortandad
- ↕ Esperanza de vida
- ↕ Promedio de edad del entorno
- ↕ Servicios de salud y atención a los residentes

 **VÍDEO**

A continuación puedes ver un vídeo en el que se explica qué es la arquitectura sostenible, accediendo desde aquí:

https://redirectoronline.com/enac018po0101

2.2. Desarrollo normativo

Existen distintas normativas encargadas de regular las construcciones o rehabilitaciones de edificios. Gracias a estas normativas el sector de la construcción está evolucionando hacia técnicas constructivas que implementan criterios de sostenibilidad y cuidado medioambiental.

La Unión Europea, consciente de que el 40 % del consumo de energía se debe a los edificios, para tratar de reducirlo, publicó la Directiva 2010/31/UE relativa a la eficiencia energética de los edificios, en la que se establecía que a partir del año 2023 todos los edificios de nueva construcción debían ser **edificios de consumo de energía casi nulo.**

 **DEFINICIÓN**

Edificio de consumo de energía casi nulo
Aquellos que tienen un nivel muy alto de eficiencia energética, de forma que la energía necesaria para su funcionamiento debe proceder de fuentes renovables, incluida la energía renovable producida in situ o en el entorno.

Esta directiva y la Directiva 2012/27/UE se modificaron posteriormente en el año 2018, dando lugar a la Directiva UE/2018/844, en la que se introducen una serie de modificaciones que refuerzan y simplifican algunos aspectos y disposiciones relativas a la eficiencia energética.

La Directiva UE/2018/844 se ha transpuesto a la legislación española en el **código técnico de la edificación y en el reglamento de instalaciones térmicas de edificios.**

 ## PARA SABER MÁS

Puedes consultar las directivas mencionadas anteriormente accediendo desde aquí:

Directiva 2010/31/UE	Directiva UE/2018/844

https://redirectoronline.com/enac018po0102	*https://redirectoronline.com/enac018po0103*

Normativa española

Para transponer la Directiva UE/2018/844 a la normativa española, se publicó el **Real Decreto 390/2021,** de 1 de junio, por el que se aprueba el procedimiento básico para la certificación de la eficiencia energética de los edificios, en el que se recoge que se debe abogar por las construcciones eficientes energéticamente, además de establecer que la energía que utilicen los edificios debe proceder de fuentes renovables para **reducir las emisiones de CO_2 en el sector constructivo.**

La certificación energética es una normativa establecida por diversas entidades y organizaciones públicas para proteger el medio ambiente.

No debemos olvidar, además de las distintas normativas autonómicas, la **Ley 7/2021,** de mayo de cambio climático y transición energética, en la que se recogen los criterios valorativos que deben cumplir las empresas que quieran acceder a las licitaciones públicas.

 PARA SABER MÁS

Puedes consultar la normativa mencionada anteriormente aquí:

Real Decreto 390/2021	Ley 7/2021

https://redirectoronline.com/enac018po0104   *https://redirectoronline.com/enac018po0105*

ACTIVIDAD COMPLEMENTARIA

1. Investiga acerca de los criterios establecidos en los contratos o concesiones de obras con las Administraciones públicas de acuerdo con el artículo 31 de la Ley 7/2021. ¿Crees que estos criterios son alcanzables o son una declaración de intenciones difíciles de cumplir?

Ley 38/1999, de 5 de noviembre, de Ordenación de la Edificación

La Ley 38/1999, de 5 de noviembre, de Ordenación de la Edificación, tiene como **objetivo:**

> *[...] regular el proceso de la edificación, estableciendo las obligaciones y responsabilidades de los agentes que intervienen en dicho proceso, así como las garantías necesarias para el adecuado desarrollo del mismo, con el fin de asegurar la calidad mediante el cumplimiento de los requisitos básicos de los edificios y la adecuada protección de los intereses de los usuarios.*
>
> *(Art. 1.1)*

En su artículo 3, se recogen los siguientes **requisitos básicos:**

⮌ **Relativos a la funcionalidad:**

- ⵙ Uso de las instalaciones y espacios, así como la dotación de las instalaciones de acuerdo con las funciones previstas en el edificio.
- ⵙ Acceso y movimiento por el edificio a las personas con movilidad reducida de acuerdo con los estándares establecidos en su normativa específica.
- ⵙ Incorporación de los sistemas de telecomunicación, audiovisuales y de información, respetando las normas de cada uno de los ámbitos de referencia.
- ⵙ Dotación de las instalaciones adecuadas para el acceso a los servicios postales.

⮌ **Relativos a la seguridad**

- ⵙ Garantizar la seguridad estructural de manera que tanto en el edificio como en cualquiera de sus partes no se vayan a producir daños que comprometan la cimentación, los muros de carga, los soportes, las vigas o los forjados que afecten directamente a la resistencia y la estabilidad del edificio.

◊ Asegurar que, en caso de incendio, el edificio puede desalojarse en condiciones seguras, además de limitar la propagación del incendio y la actuación de los equipos de extinción y rescate.

◊ Certificar que el uso normal del edificio no supone un peligro para las personas que viven y transitan por él.

➲ Relativos a la habitabilidad

◊ Condiciones aceptables de salubridad referidas a la higiene, salud y protección del medio ambiente de forma que se garantice una gestión adecuada de los distintos tipos de residuos.

◊ Protección contra el ruido de manera que las personas puedan llevar a cabo sus actividades habituales sin que el ruido del entorno ponga en riesgo su salud.

◊ Uso racional de la energía para el uso normal del edificio o vivienda mediante la eficiencia energética y el aislamiento térmico.

 PARA SABER MÁS

Puedes saber más sobre la Ley 38/1999, de 5 de noviembre, de Ordenación de la Edificación, accediendo desde aquí:

https://redirectoronline.com/enac018po0106

Código Técnico de Edificación

Para los **edificios de nueva construcción,** el marco normativo que deben respetar es el **Código Técnico de la Edificación (CTE),** que establece las **exigencias básicas de calidad** de los edificios, instalaciones, y las intervenciones que se lleven a cabo en las rehabilitaciones, sin perder de vista otras reglamentaciones dictadas por las Administraciones competentes.

El Código Técnico de la Edificación se estructura de la siguiente manera:

- **Exigencias básicas:** son de obligado cumplimiento y hacen referencia a la seguridad estructural, en caso de incendio y de uso normal, accesibilidad, salubridad y protección frente al radón, el ruido y la incorporación del ahorro de energía.

- **Documentos básicos:** estos documentos obligatorios son de carácter técnico y reglamentario. Trasladan a la práctica las exigencias establecidas en el apartado anterior. Cada uno de los **documentos básicos (DB)** define, establece y cuantifica las condiciones que deben cumplirse para acreditar el cumplimiento de dichas exigencias. Los documentos básicos (DB) que se establecen en el Código Técnico de la Edificación (CTE) son:

  - DB-SE: Seguridad estructural
  - DB-SE-AE: Acciones en la edificación
  - DB-SE-C: Cimientos
  - DB-SE-A: Acero
  - DB-SE-F: Fábrica
  - DB-SE-M: Madera
  - DB-SI: Seguridad en caso de incendio
  - DB-SUA: Seguridad de utilización y accesibilidad
  - DB-HE: Ahorro de energía
  - DB-HR: Protección frente al ruido
  - DB-HS: Salubridad

- **Documentos complementarios:** estos documentos no son obligatorios, e incluyen comentarios que ayudan a la comprensión y aplicación de los documentos básicos. En estos documentos complementarios encontramos:

  - **Documentos de apoyo (DA):** son textos de ayuda para facilitar la comprensión y la aplicación de los distintos documentos básicos (DB) que conforman el Código Técnico de la Edificación.
  - **Documentos básicos con comentarios:** son los documentos básicos (DB) a los que se les han incorporado distintas aclaraciones que han sido transmitidas por parte de los profesionales en el momento de aplicarlos, para ayudar a otros profesionales que puedan tener las mismas dudas.
  - **Documentos reconocidos (DR):** son textos de carácter técnico y de aplicación voluntaria que están reconocidos por el Ministerio de Transportes, Movilidad y Agenda Urbana y están inscritos en el Registro General del CTE.

Estructura del Código Técnico de Edificación

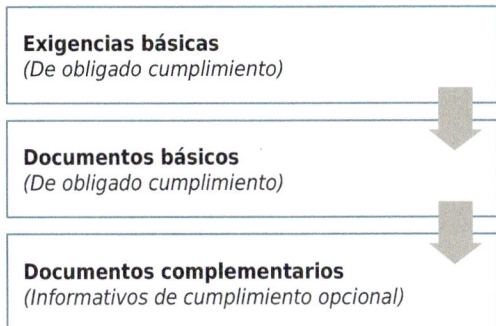

Exigencias básicas
(De obligado cumplimiento)

Documentos básicos
(De obligado cumplimiento)

Documentos complementarios
(Informativos de cumplimiento opcional)

 **IMPORTANTE**

La última modificación de la Directiva de Eficiencia Energética de los Edificios (EPBD - *Energy Performance of Buildings Directive)*, de 30 de mayo 2018, junto con la Recomendación (UE) 2019/1019 de la Comisión, relativa a la modernización de edificios, ponen especial énfasis en la monitorización de los consumos energéticos y en la implantación de sistemas de automatización y control para mejorar la eficiencia energética de los edificios.

Recomendación (UE) 2019/1019

https://redirectoronline.com/enac018po0107

La sostenibilidad de las edificaciones es un aspecto que está en constante evolución y cambio. Muestra de ello es la publicación del **Real Decreto 36/2023, de 24 de enero, por el que se establece un sistema de**

Certificados de Ahorro Energético, en el que se establece el mecanismo de acreditación de la consecución de ahorro energético de los edificios. Si quieres consultar esta normativa puedes hacerlo accediendo desde aquí:

https://redirectoronline.com/enac018po0108

 **APLICACIÓN PRÁCTICA**

Olivia tiene que realizar el proyecto de rehabilitación de una vivienda. Para ello debe cumplir con las condiciones establecidas en el código técnico de la edificación (CTE). Actualmente duda de cuáles de las secciones en las que se estructura dicho código técnico son de cumplimiento obligatorio o voluntario.

Ayúdale indicando cuáles de estas sesiones no son de cumplimiento voluntario.

- **Exigencias básicas**
- **Documentos básicos**
- **Documentos complementarios**
- **Todas las opciones son incorrectas.**

Solución

Dentro de la estructura del CTE se establece que tanto las exigencias básicas como los documentos básicos son obligatorios, mientras que los documentos complementarios son informativos y de cumplimiento opcional.

3. Sistemas de medición de la sostenibilidad en edificación

 **HILO CONDUCTOR**

En el descanso de su jornada de trabajo, Cristiana y Marian comentan que, para llevar a cabo la implementación y medida de la sostenibilidad en la construcción y la rehabilitación, seguro que existen aplicaciones y programas que ayudan a evaluar la sostenibilidad en los edificios y que quizás más adelante deberían plantearse la adquisición de uno de ellos para que las ayude en el desarrollo de sus proyectos, aunque todavía consideran que esta acción es prematura.

Entendemos por **sostenibilidad** la capacidad de un elemento de aguantar, resistir y permanecer inalterable durante su proceso de vida. Si nos referimos a un desarrollo sostenible, será la capacidad de un edificio de satisfacer sus necesidades sin comprometer los recursos para generaciones futuras.

IMPORTANTE

Se deben desvincular el crecimiento económico y el deterioro medioambiental.

3.1. Sistemas de medición de la sostenibilidad

Los **sistemas de medición de la sostenibilidad** se basan en la medida del comportamiento medioambiental del edificio al que le asignarán una puntuación final una vez evaluados los parámetros o indicadores establecidos, y que son los mismos para todas las edificaciones. Los resultados obtenidos nos ayudarán a valorar el comportamiento del edificio con respecto a los de su entorno o con los valores adecuados definidos.

La sostenibilidad afecta a todos los ámbitos de nuestra vida diaria.

Los **estándares de sostenibilidad de un edificio** analizan los requisitos mínimos que debe cumplir para ser definido como sostenible, y que nos ayudarán a establecer un nivel de sostenibilidad. Los resultados de estos estándares se resumen exclusivamente en dos modos, *cumple el estándar o no lo cumple,* sin posibilidad de otras opciones.

 SABÍAS QUE...

El 5 de marzo es el Día Mundial de la Eficiencia Energética.

Podemos encontrar distintos programas que pueden ayudarnos a simular el comportamiento energético de un edificio, lo que nos permitirá calcular el impacto medioambiental del mismo a lo largo de su vida útil.

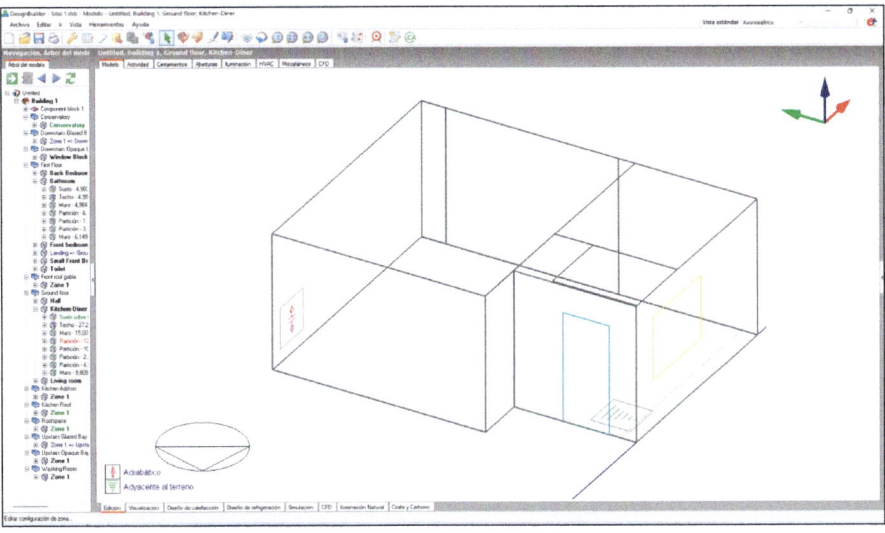

Programa de simulación energética Design Builder

 PARA SABER MÁS

Si quieres conocer algunos de los programas de simulación energética de edificios, donde se explican las características de todos ellos, puedes hacerlo accediendo desde aquí:

Programas para la simulación energética de edificios	Programas de Calificación Energética - Otras Alternativas

https://redirectoronline.com/enac018po0109	*https://redirectoronline.com/enac018po0110*

Aunque existen en el mercado distintas herramientas y programas informáticos, no podemos olvidar que cada técnico certificador debe ser coherente a la hora de introducir los datos y no tratar de obtener un resultado favorable cuando un edificio no lo ha obtenido, o viceversa, para contentar al cliente.

 IMPORTANTE

En la revisión de la Directiva de Eficiencia Energética de los Edificios (EPBD), en junio de 2021, se introdujeron los objetivos mínimos obligatorios que deben cumplir los edificios existentes en materia de eficiencia energética, siendo uno de los elementos imprescindibles la monitorización y medida de los parámetros energéticos de los edificios.

4. Sistemas de evaluación de la sostenibilidad

 HILO CONDUCTOR

En una reunión informal con unos nuevos clientes, Marian y Cristiana comentan la evolución que ha sufrido el sector de la construcción en los últimos años, en los que se ha pasado de rentabilizar el espacio constructivo sin tener en cuenta el entorno hasta la actualidad, en la que se tienen en cuenta la sostenibilidad y el bienestar de las personas y el entorno. Todos llegan a la misma conclusión de que este modelo constructivo era insostenible y que se debía migrar hacia la sostenibilidad del medio ambiente, para lo que se pueden utilizar distintos sistemas de evaluación.

No cabe duda de que los sistemas de evaluación de la sostenibilidad de los edificios han sufrido una evolución importante desde que se comenzaron a utilizar en el año 1992 hasta la actualidad. Estos sistemas se encaminan a mostrar de una manera sencilla el grado de sostenibilidad de los edificios, lo que permite establecer una comparativa entre ellos de una manera rápida y visual.

Aunque inicialmente se evaluaba el comportamiento ambiental, con el paso del tiempo estos sistemas han incorporado criterios que van más allá del comportamiento ambiental, como son las instalaciones que los conforman.

La evaluación de la sostenibilidad debe llevarse a cabo sobre los ámbitos ambientales, económicos y sociales.

Estos sistemas asignan criterios sostenibles a cada una de las etapas del ciclo de vida de un edificio (diseño, construcción, uso y demolición).

 **SABÍAS QUE...**

El primer método de etiquetado de la sostenibilidad de los edificios fue el sistema BREEAM (BRE Environmental Assessment Method), en el año 1992.

La mayor parte de los sistemas de evaluación de la sostenibilidad califican los tres aspectos sobre los que se apoya el desarrollo sostenible, también conocido por las iniciales **TBL (Triple Bottom Line),** que corresponde a los ámbitos ambiental, económico y social, aunque podemos encontrar otros que únicamente se centran en el comportamiento energético.

Medioambientalmente
- Preservar y valorizar los recursos naturales.

Continúa en página siguiente >>

[31]

<< Viene de página anterior

Sociedad
- Capacidad del ser humano de satisfacer sus necesidades de alimentos, energía, abrigo, protección, trabajo, etc.

Economía
- Fomentar el desarrollo económico de los países en vías de desarrollo para que alcancen la misma calidad y nivel de vida y crecimiento que los países desarrollados.

En la evaluación de la sostenibilidad podemos encontrar tres sistemas distintos para llevar a cabo dichas valoraciones, que son:

Sistemas de evaluación de sostenibilidad
- Estos sistemas evalúan, clasifican y certifican las edificaciones. Entre ellos destacamos los siguientes: BREEAM, VERDE LEED, CASBEE.

Estándares de edificación sostenible
- Se definen una serie de parámetros mínimos de comportamiento energético que deben cumplir los edificios para ser certificados bajo el estándar elegido. Estos estándares no clasifican, lo único que establecen es si cumplen o no los parámetros del estándar. Algunos de ellos son estos: Passivhaus, Low-Energy, Edificios Zero **Emisiones.**

***Software* de evaluación**
- Son herramientas informáticas que a través de la modelización del edificio analizan el comportamiento energético del edificio usando la metodología del análisis del ciclo de vida (ACV). Podemos destacar *Athena, BEES, ECO-QUANTUM, ENVEST, LISA,* etc.

APLICACIÓN PRÁCTICA

Eduardo está impartiendo una formación sobre los sistemas de evaluación de la sostenibilidad y tiene que explicar los aspectos básicos sobre los que se apoya el desarrollo sostenible.

Continúa en página siguiente >>

<< Viene de página anterior

¿Puedes indicarle si el aspecto político se encuentra dentro de los denominados TBL?

Solución

Los aspectos que conforman el sistema de evaluación de la sostenibilidad son el económico, social y medioambiental, por lo que el político no es correcto.

---

5. Estándares de sostenibilidad

☞ HILO CONDUCTOR

En una jornada sobre la sostenibilidad llevada a cabo por una empresa que se dedica a la venta de una aplicación para evaluar la sostenibilidad, a Marian y a Cristiana les han explicado que una de las ventajas que tenía esta aplicación es que permitía el cumplimiento de distintos estándares dependiendo de la zona en la que se vaya a llevar a cabo el proyecto constructivo. Una vez finalizada la jornada, el ponente les ha comentado la posibilidad de utilizar el sistema unificado de la Comisión Europea, que integra los objetivos de desarrollo sostenible (ODS).

A nivel mundial existen distintos estándares para la certificación medioambiental de los edificios, dependiendo de su uso de la ubicación física del edificio, lo que implica las condiciones climáticas del entorno, la normativa local y nacional, así como los distintos requerimientos de cada uno de los estándares.

Estos estándares los podemos clasificar en:

➲ **América:**

- ◊ **Green Globes (Canadá):** basado en el modelo BREEAM, se creó en el año 1996 y está centrado en el análisis del ciclo de vida de los materiales y su montaje. Está desarrollado por la Asociación de Propietarios y Administradores de Edificios de Canadá y por la Environment Canada Ltd.

◑ **LEED (EE. UU.):** creado en el año 2000, es el estándar más importante de Estados Unidos, aunque se usa, además, en otros países de Europa, Asia y Sudamérica. Esta certificación no se basa en el análisis del ciclo de vida. Incorpora el transporte en el entorno, la cantidad de materiales reciclados, etc.

◑ **Green Globes (EE. UU.):** es similar al de Canadá, aunque en este caso lo promueve la Iniciativa de Edificios Sostenibles (GBI-Green Building Initiative).

➲ **Asia**

◑ **CASBEE (Japón):** creada en el año 2001 por el Japan Sustainable Building Consortium (JSBC), o Consorcio de Construcción Sostenible Japonés. Mide la relación entre la calidad del edificio con su carga medioambiental.

➲ **Europa**

◑ **BREEAM (Reino Unido):** es el primer estándar que se creó en el año 1990 por el Building Research Establishment (BRE). Es usado en varios países para llevar a cabo la certificación de la sostenibilidad de los edificios. Su sistema de calificación incorpora el uso del agua, la salud y el bienestar de las personas, así como los materiales constructivos, la contaminación, los transportes del entorno, etc. Se basa en el análisis del ciclo de vida.

◑ **HQE (Francia):** se lanzó en el año 1994 y se basa en catorce áreas organizadas en cuatro aspectos: construcción medioambiental, gestión medioambiental, confort y salud. Como se habrá averiguado por los aspectos en los que se organiza, está basado en el análisis del ciclo de vida.

◑ **DGNB (Alemania):** estándar creado en el 2009 y que se está adaptando a los requerimientos de otros países. Se basa en el análisis del ciclo de vida y se organiza en distintos paradigmas; ecología, economía y calidad técnica.

◑ **VERDE (España):** herramienta desarrollada por el Green Building Council España (GBCe) que cuenta con una gran aceptación entre promotores y Administraciones públicas. Es de carácter voluntario y utiliza la comparación de la construcción con un edificio de referencia que cumple las exigencias mínimas de la normativa.

◑ **LEVEL(S) (Europa):** es un sistema creado por la Comisión Europea que trata de unificar los requisitos que deben cumplir las edificaciones para alcanzar los niveles de sostenibilidad medioambiental mediante el seguimiento de todas las fases por la que pasa el edificio desde su diseño hasta el final de su vida útil.

➲ **Australia**

◊ **Green Star (Australia):** basado en los estándares LEED y BREEAM, se creó en el 2003 por el Green Building Council of Australia (GBCA), o Consejo de Edificios Sostenibles de Australia. Evalúa un edificio a través del análisis de nueve categorías de impacto medioambiental.

Distintos certificados por países (Fuente: TÜV SÜD)

Con el fin de unificar las distintas certificaciones existentes en el territorio europeo, la Comisión Europea ha lanzado un **marco común** para implementarlo en todo el territorio europeo denominado **Level(s),** basado en los principios de la economía circular y que integra los **objetivos de desarrollo sostenible (ODS).**

Los objetivos de desarrollo sostenible tratan de lograr un futuro mejor y más sostenible para todos.

Level(s) se organiza a través de seis macrobjetivos que establecen distintas metas que deben cumplir los edificios para el cuidado de la salud, el bienestar, los costes, el valor y los riesgos de los inmuebles, de manera que, con el cumplimiento de este marco, nos aseguramos de que se contribuye al cuidado de los aspectos anteriores.

Se trata de dieciséis criterios agrupados en seis macrobjetivos, que se agrupan a su vez en tres áreas temáticas:

⇒ **Comportamiento medioambiental a lo largo del ciclo de vida**

    ᴗ **Emisiones de gases de efecto invernadero durante el ciclo de vida de un edificio:**

        ⇕ Minimizar el volumen de emisiones de gases de efecto invernadero durante el ciclo de vida de un edificio.
        ⇕ Eficiencia energética durante el uso del edificio.
        ⇕ Evaluación del calentamiento global durante el ciclo de vida.

    ᴗ **Ciclos de vida de los materiales circulares y que utilizan eficientemente los recursos:**

        ⇕ Optimización del diseño y la forma del edificio para contribuir a un flujo circular de los materiales.
        ⇕ Listado de materiales, cantidades usadas y tiempos de vida útiles.
        ⇕ Residuos y materiales que intervienen en la construcción o demolición.
        ⇕ Diseñar los materiales para su renovación y adaptabilidad.

    ᴗ **Empleo eficiente de los recursos hídricos:**

        ⇕ Uso de los recursos hídricos de manera eficiente en zonas con un alto estrés hídrico.
        ⇕ Consumo de agua en fase de uso.

⇒ **Salud y confort**

    ᴗ **Espacios saludables y cómodos:**

        ⇕ Diseño y proyección de edificios que protejan la salud de las personas, cómodos, atractivos y productivos para vivir y trabajar en ellos.
        ⇕ Calidad del aire interior.

- ⇕ Tiempo fuera del rango de confort térmico.
- ⇕ Iluminación y confort visual.
- ⇕ Acústica y protección contra el ruido.

➲ **Coste, valor y riesgo**

   ◐ **Adaptación y resiliencia al cambio climático:**

- ⇕ Adecuación de los edificios para los futuros cambios climáticos que se puedan producir enfocados a la protección de la salud y el bienestar de los ocupantes.
- ⇕ Protección de la salud de los ocupantes y del confort térmico.
- ⇕ Mayor riesgo de fenómenos meteorológicos extremos.
- ⇕ Drenaje sostenible.

➲ **Optimización del coste del ciclo de vida y del valor:**

- ◐ Mejora del valor de los edificios que permita mejorar el comportamiento de estos a largo plazo en las fases de adquisición, funcionamiento, mantenimiento, rehabilitación y el final de su vida útil.
- ◐ Costes del ciclo de vida.
- ◐ Creación de valor y riesgo de exposición.

6. Herramientas de evaluación

👉 HILO CONDUCTOR

El edificio en el que tienen su oficina Marian y Cristiana debe pasar la revisión, por lo que se ofrecen ellas para realizarlo. Para llevar a cabo los cálculos de la evaluación de la sostenibilidad del edificio, utilizarán la herramienta Lider-Calener, que les permite generar la documentación que deben presentar en la Administración pertinente para registrar dicha revisión.

Las herramientas de evaluación utilizadas habitualmente para catalogar la sostenibilidad de un edificio suelen ser herramientas informáticas encaminadas a valorar el comportamiento energético y los impactos medioambientales de una edificación.

Mediante el uso de este tipo de aplicaciones conseguimos los resultados de una forma más rápida que si los tuviésemos que desarrollar manualmente, aunque podemos hacerlo de esta manera, con el consiguiente aumento de tiempo para obtener el mismo resultado que si se utilizase una aplicación.

Podemos diferenciar dos tipos de herramientas para llevar a cabo la evaluación de la sostenibilidad de un edificio:

Herramientas de evaluación ambiental basadas en análisis de ciclo de vida
- Estas herramientas permiten, mediante la comparación con los datos almacenados en sus bibliotecas, simular el comportamiento medioambiental del edificio durante su ciclo de vida. En estas bibliotecas se recogen las condiciones climáticas, las relaciones entre materiales, distintas soluciones constructivas y los impactos ambientales que se producen durante el periodo de uso del edificio.

Herramientas de evaluación centradas en el comportamiento energético de los edificios
- Estas herramientas nos permiten centrarnos en aspectos concretos del edificio como la iluminación, saneamiento, ventilación, etc. También permiten obtener una visión global del estado de la edificación.

A continuación, conocerás algunos de los programas más utilizados para llevar a cabo la evaluación de la sostenibilidad de un edificio. Aunque algunas de ellas tienen la posibilidad de funcionar de manera independiente, la tendencia habitual es integrar esta herramienta en otras aplicaciones para conseguir una mayor información del comportamiento de los materiales y edificaciones.

6.1. Energy Plus

Es un programa de simulación de energía usado para simular los consumos de energía, calefacción, refrigeración, ventilación, iluminación y agua.

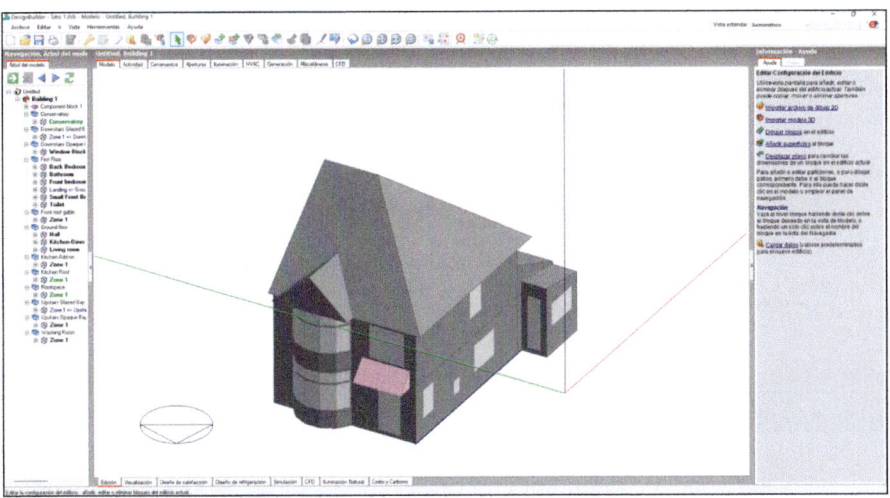

Pantalla del programa Energy Plus

Dispone de diversas herramientas para analizar el confort térmico y medidas de condensación teniendo en cuenta los movimientos de aire entre las distintas zonas.

Introduce cálculos de iluminación analizando la comodidad visual y los distintos niveles de iluminación para cada una de las estancias de la vivienda.

Permite incorporar distintos elementos constructivos, como persianas controlables, acristalamientos, controles de iluminación y calefacción, que quedan reflejados en los distintos tipos de informes, tanto estandarizados como personalizados por los usuarios y que pueden ser exportados en diferentes formatos.

 PARA SABER MÁS

Puedes descargar una prueba del programa desde la página EnergyPlus, accediendo desde aquí:

Continúa en página siguiente >>

<< Viene de página anterior

https://redirectoronline.com/enac018po0111

6.2. *TRNSYS*

Esta herramienta es un entorno gráfico que se usa para evaluar el rendimiento de los sistemas térmicos y eléctricos.

TRNSYS se basa en componentes, lo que lo convierte en configurable con infinidad de opciones.

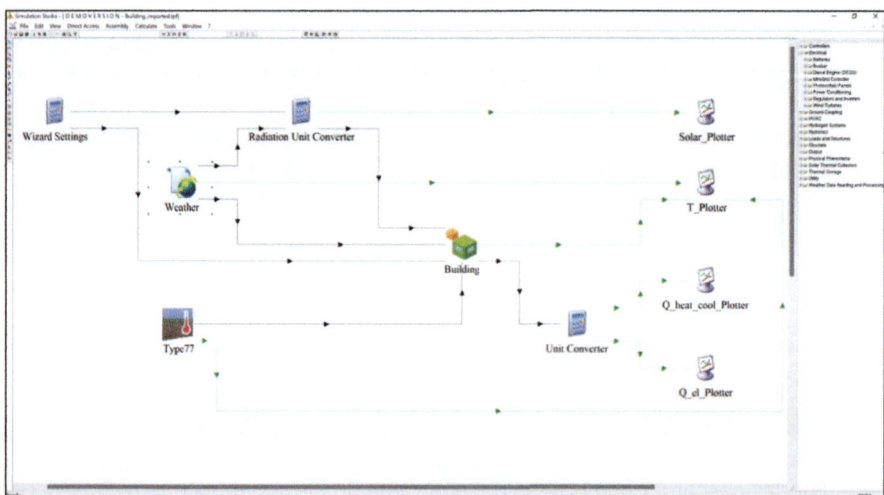

Pantalla de TRNSYS con un proyecto

Está compuesto por un motor o núcleo, que es el encargado de almacenar y establecer las variables del sistema, y una **biblioteca** donde se almacenan los distintos componentes con sus características, de forma que un usuario puede insertar o modificar los componentes de su proyecto directamente.

 **PARA SABER MÁS**

Puedes descargar una prueba del programa en la página Trnsys, accediendo desde aquí:

https://redirectoronline.com/enac018po0112

6.3. *Design Builder*

Esta es una herramienta muy potente que se integra en otras interfaces.

Permite evaluar la eficiencia energética, medioambiental y económica durante todo el proceso de diseño del edificio, lo que permite calcular y evaluar los consumos energéticos, los sistemas de climatización y el uso de energías renovables, analizando todos los consumos y tratando de reducirlos al mínimo.

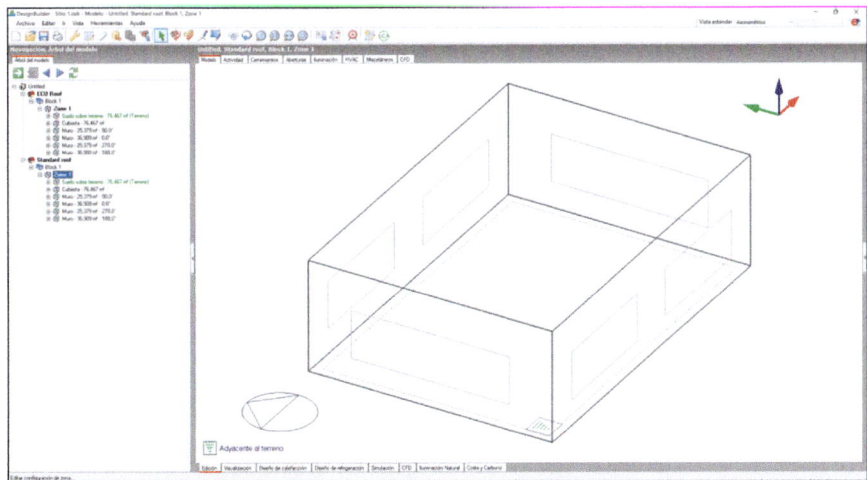

Pantalla de Design Builder integrado con Energy Plus

Esta aplicación es de fácil manejo, por lo que se utiliza en distintos centros educativos para que el alumnado aprenda a trabajar con herramientas de evaluación de la sostenibilidad de edificios.

 PARA SABER MÁS

Puedes descargar una prueba del programa en la siguiente página, accediendo desde aquí:

https://redirectoronline.com/enac018po0113

6.4. *Lider-Calener*

Este programa es el resultado de la unificación de los programas *LIDER y CALENER,* que se usa para facilitar la emisión del Documento Básico de Ahorro de Energía del Código Técnico de la Edificación (CTE DB-HE – Real Decreto 732/2019), permitiendo la emisión del informe correspondiente desde la propia herramienta.

Pantalla de inicio de la herramienta Lider-Calener

PARA SABER MÁS

Puedes acceder a la guía de aplicación del DB-HE publicada por el Ministerio de Transportes, Movilidad y Agenda Urbana, accediendo desde aquí:

https://redirectoronline.com/enac018po0114

El programa genera el informe de certificación energética del edificio tanto en formato PDF como XML, con la información cumplimentada para su presentación en el registro. Permite incorporar archivos generados por versiones anteriores para la comprobación, actualización o incorporación de datos nuevos o faltantes.

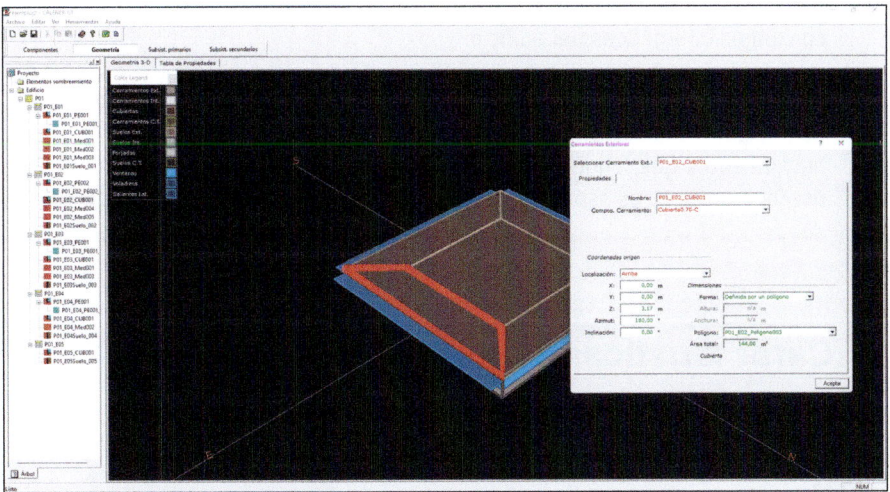

Pantalla de configuración de un cerramiento usando el programa Lider-Calener

 **PARA SABER MÁS**

Puedes descargarte la versión de 2022, accediendo desde aquí:

https://redirectoronline.com/encac018po0115

 TAREA 1

Martín tiene que seleccionar una herramienta para llevar a cabo la evaluación medioambiental de los edificios de sus clientes. Ha estado analizando algunas de ellas, pero le gustaría que, además de permitir una gran cantidad de opciones de configuración, la aplicación fuera capaz de simular la mayor parte de los consumos energéticos del edificio.

¿Puedes ayudarlo indicándole qué aplicación, de las vistas anteriormente, puede cumplir la mayor parte de sus expectativas? ¿Puedes indicarle qué otras herramientas que, aunque no cumplen sus requerimientos, pueden ayudarlo por incorporar otros aspectos que quizás debería valorar?

7. Características comunes y tendencias

 HILO CONDUCTOR

Una vez que Cristiana y Marian tienen una vista general sobre la sostenibilidad de la edificación, es el momento de que conozcan las características que

Continúa en página siguiente >>

<< Viene de página anterior

deben tener en cuenta a la hora de plantear una edificación sostenible o la rehabilitación de una existente, que, además de utilizar materiales sostenibles, debe tener en cuenta el entorno que la rodea y garantizar el bienestar de las personas que van a vivir en ella.

Como hemos comentado con anterioridad, una edificación sostenible es la que desarrolla y estudia los distintos impactos que tiene dicha edificación en todas las etapas por las que pasa durante su vida útil.

Entre las principales características que deben tenerse en cuenta en una edificación sostenible, están:

- **Emplazamiento:** debe estar claramente definida la ubicación en la que se va a levantar o rehabilitar la edificación. El lugar establecido debe estar alejado de zonas de contaminación acústica, atmosférica, concentración de líneas eléctricas y terrenos que no sean estables. En el caso de la rehabilitación de un edificio, debemos tratar de mantener la mayor parte de los elementos estructurales para reducir el impacto medioambiental en el entorno. En ambas opciones, nueva construcción y rehabilitación, si se rodean las edificaciones de zonas verdes conseguiremos disminuir la contaminación atmosférica, lo que generará un mayor confort.
- **Orientación:** la orientación del edificio nos ayuda a reducir la cantidad de energía que necesitamos para conseguir una adecuada confortabilidad térmica sin gastos energéticos adicionales. Si la construcción se lleva a cabo en una zona soleada, debe orientarse hacia el sur evitando las zonas con sombras.
- **Autoconsumo y energías renovables:** aunque cada vez en menor medida, la energía que alimenta a un edificio proviene de fuentes que contaminan el medio ambiente, por lo que la inclusión de las energías renovables en los servicios de este ayuda a reducir el impacto medioambiental del edificio en su entorno. Habitualmente se usan energías fotovoltaicas, eólicas o de biomasa que ayudan a conseguir la autonomía energética del edificio con una menor contaminación del entorno.

Las energías renovables ayudan a reducir la cantidad de CO2 que se genera en la producción de energía eléctrica.

➲ **Aislamiento térmico:** el elemento clave para conseguir un buen aislamiento térmico de la vivienda son los elementos constructivos que ayudan a dificultar las variaciones de temperaturas. Podemos usar ventanas con rotura de puente térmico o de doble acristalamiento, así como sistemas de aislamiento térmico de exteriores de tipo SATE, con los que conseguiremos un ahorro energético de entre un 60 y 90 %.

➲ **Materiales naturales/reciclables:** en la construcción de un edificio se utilizan una gran cantidad y variedad de materiales, de los cuales parte acaban siendo desechados. Si usamos materiales naturales o reutilizables con capacidad de reciclaje, estamos reduciendo el impacto ambiental.

➲ **Sistemas de control:** para controlar los consumos energéticos y detectar los posibles problemas que puedan aparecer, es recomendable la instalación de sistemas de control automatizados que realicen un seguimiento del control y el gasto del consumo.

La evolución de los dispositivos de control de temperatura ayuda a controlar el consumo desde nuestros dispositivos móviles.

- **Armonía de materiales:** la construcción sostenible busca encontrar el punto de equilibrio entre las nuevas tecnologías, el entorno y la estética del edificio o construcción. Hay que dar una solución saludable a las necesidades que puedan tener las personas que lo habiten.
- **Espacio:** una característica de la edificación sostenible es conseguir un espacio habitable eficiente, para lo que se suelen reducir las alturas generales de los edificios, construyendo edificios más bajos de lo que se puede esperar. Se basan en los denominados *sistemas de suelo,* que tratan de reducir las alturas de las viviendas para conseguir habitáculos más eficientes y que necesiten menores cantidades de recursos para hacerlos confortables.
- **Agua:** no podemos olvidarnos del ahorro de agua, para lo que se instalarán sistemas de ahorro, como perlizadores, cisternas de doble descarga, grifos temporizados, etc. Una buena práctica es la recuperación y tratamiento de aguas pluviales para su uso posterior en otros servicios, como puede ser el riego, inodoros, urinarios, etc.

El riego por goteo puede llegar a alcanzar un ahorro del 70 % de agua.

- **Iluminación:** el mayor ahorro energético que podemos obtener es a través de una correcta gestión de la iluminación natural y artificial. El uso de tecnología led, principalmente, en la vivienda y la incorporación de sistemas domóticos nos permite controlar el consumo energético y optimizar el funcionamiento de las instalaciones.

La certificación medioambiental de un edificio incorpora a nuestro edificio o vivienda las siguientes **ventajas:**

Ahorro
- Ahorro mediante la incorporación de medidas activas y pasivas para el ahorro de energía y de agua.

Referente
- Obtención de la certificación medioambiental del edificio o vivienda, lo que lo convierte en pionero con respecto a las edificaciones del entorno.
- Los edificios que obtienen una certificación sostenible favorable son más demandados por las personas que están tratando de alquilar o comprar una vivienda.

Inversión
- La certificación medioambiental aumenta el valor de la inversión e incrementa el valor del inmueble.

Calidad de vida
- Los habitantes de los edificios y viviendas con certificación sostenible siguen comportamientos saludables y respetuosos con el medio ambiente, con lo que mejora el ambiente interior.
- En el caso de las empresas que integran la sostenibilidad en sus instalaciones, se ha observado que aumenta la productividad y se reducen los niveles de absentismo de las personas trabajadoras.

 PARA SABER MÁS

La sostenibilidad en el sector constructivo no se circunscribe exclusivamente a los edificios, sino que también se tiene en cuenta en el diseño de los interiores de los hogares. Puedes acceder a un informe con las tendencias sostenibles para el diseño de interiores desde aquí:

https://redirectoronline.com/enac018po0116

ACTIVIDAD COMPLEMENTARIA

2. Investiga acerca del Living Building Challenge y los aspectos sobre los que actúa. De todos los aspectos sobre los que incide, ¿añadirías o sustituirías alguno?

8. Análisis de las categorías de impacto ambiental: energía, atmósfera, agua, materiales, residuos, biodiversidad, etc.

HILO CONDUCTOR

A Marian y a Cristiana les ha surgido la posibilidad de presentarse a una licitación pública en compañía de otra empresa, así que han repartido los puntos del proyecto que cada una debe desarrollar. A ellas les ha correspondido la evaluación del impacto ambiental. Mientras lo realizan, se han dado cuenta de que todas las acciones que llevan a cabo directa o indirectamente tienen su reflejo en el medio ambiente, por lo que deben realizarlas de la manera más impecable posible para que el proyecto no interfiera en el medio ambiente de manera agresiva.

Cualquiera de las actividades que llevamos a cabo en nuestro día a día tiene una repercusión **directa o indirecta** sobre el medio ambiente, que en algunas ocasiones provoca un efecto negativo en la biodiversidad y el ecosistema, afectando a su equilibrio.

IMPORTANTE

El impacto ambiental abarca los efectos que se producen sobre el medio ambiente debidos a la actividad y a la forma de vida de las personas.

No debemos olvidar que nuestro bienestar depende del entorno que nos rodea, por lo que, si no lo tenemos en cuenta cuando crecemos, podemos causar efectos irreversibles sobre el medio ambiente, como el agotamiento de los recursos naturales.

8.1. Clasificación del impacto medioambiental

La mayor parte de los países han implantado legislaciones encaminadas a medir, minimizar y compensar estos impactos mediante acciones enfocadas a la protección del medio ambiente de manera que el crecimiento y el desarrollo humano sean respetuosos con el cuidado y respeto del medio ambiente.

Podemos clasificar el impacto medioambiental de acuerdo con distintos criterios:

- ⮑ **Impacto ambiental positivo y negativo:** cuando nos llegan noticias sobre casos de contaminación, cambio climático o cualesquiera acciones que perjudican al medio ambiente, rápidamente las amplificamos a través de las redes sociales o de nuestro ámbito relacional. Sin embargo, no hacemos lo mismo cuando se trata de impactos positivos enfocados en la mejora y recuperación de las zonas que habían sufrido un impacto negativo.
- ⮑ **Impacto ambiental directo e indirecto:** aquellos impactos ambientales que se producen de manera inmediata o en un corto espacio de tiempo son los que se incluyen dentro del grupo de impactos ambientales directos. Por el contrario, los que tardan un tiempo en manifestarse se agrupan dentro de los impactos indirectos.
- ⮑ **Impacto ambiental acumulativo o sinérgico:** cuando distintos impactos de pequeña influencia se unifican y sus acciones desembocan en la generación de otro impacto mayor, se definen como un **impacto acumulativo.** Los incendios son un ejemplo claro de impacto ambiental sinérgico, puesto que el fuego actúa debido a la suma de calor, combustible y oxígeno.
- ⮑ **Impacto reversible o irreversible:** el impacto más grave es el irreversible, que no permite que las condiciones iniciales se restablezcan, como por ejemplo sucede cuando un suelo fértil deja de serlo. Si podemos recuperar las condiciones iniciales, hablamos de impacto reversible.
- ⮑ **Impacto actual o potencial:** los impactos medioambientales no se pueden programar, por lo que el impacto actual es aquel que se está produciendo en un momento exacto. Si, por el contrario, el impacto todavía no se ha producido, pero puede producirse en un futuro no muy lejano si

no se llevan a cabo acciones para evitarlo, nos estaremos refiriendo a un impacto potencial.

⊃ **Impacto temporal y permanente:** para catalogar si un impacto es temporal o permanente, se tiene en cuenta su duración. Si su duración media es entre diez y diecinueve años, se cataloga como impacto temporal. Si supera los veinte años, estamos hablando de un impacto permanente.

⊃ **Impacto local y diseminado:** el impacto local afecta a una única zona, mientras que, si afecta a distintas zonas que se encuentran dentro de la misma área, se define como impacto diseminado.

También podemos establecer otra clasificación dependiendo de las **condiciones de recuperación** del entorno:

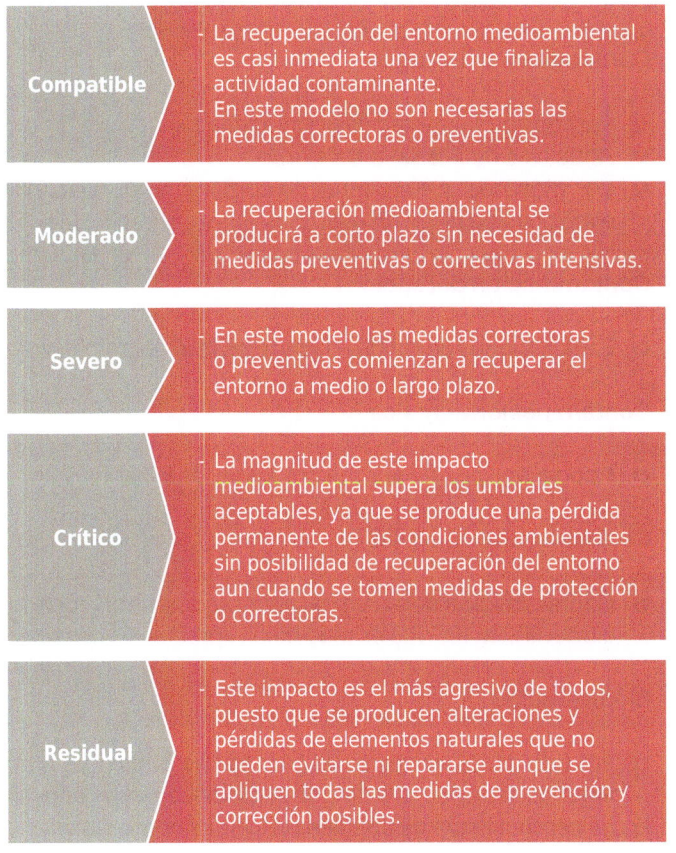

Compatible	La recuperación del entorno medioambiental es casi inmediata una vez que finaliza la actividad contaminante. En este modelo no son necesarias las medidas correctoras o preventivas.
Moderado	La recuperación medioambiental se producirá a corto plazo sin necesidad de medidas preventivas o correctivas intensivas.
Severo	En este modelo las medidas correctoras o preventivas comienzan a recuperar el entorno a medio o largo plazo.
Crítico	La magnitud de este impacto medioambiental supera los umbrales aceptables, ya que se produce una pérdida permanente de las condiciones ambientales sin posibilidad de recuperación del entorno aun cuando se tomen medidas de protección o correctoras.
Residual	Este impacto es el más agresivo de todos, puesto que se producen alteraciones y pérdidas de elementos naturales que no pueden evitarse ni repararse aunque se apliquen todas las medidas de prevención y corrección posibles.

8.2. Categorías de impacto medioambiental

Para medir la evaluación ambiental se analizan distintos factores que, además de conocer los impactos ambientales debidos a la actividad que se lleva a cabo, permiten tomar decisiones para evitarlos o mejorar el entorno.

Entre las diversas categorías que se utilizan para analizar y determinar el nivel de contaminación medioambiental encontramos:

⮑ **Contaminación atmosférica**

- Gases producidos por la actividad industrial.
- Emisiones de los vehículos que circulan por las ciudades.
- Quema de combustibles fósiles que contaminan la atmósfera.

⮑ **Contaminación del agua**

- Vertidos procedentes de las industrias.
- Aguas residuales sin tratamiento.
- Los plásticos que, además de contaminar el agua, perjudican a las especies que viven en ella.

⮑ **Contaminación del suelo**

- Explotaciones agrarias o ganaderas que contaminan el suelo.

⮑ **Contaminación acústica**

- Concentración de ruidos y sonidos en las zonas mayormente pobladas.

⮑ **Contaminación lumínica**

- Contaminación debida a los alumbrados, sobre todo en las grandes ciudades, en las que es muy difícil apreciar las estrellas.

⮑ **Biodiversidad**

- Pérdida de los ecosistemas y de la biodiversidad, que provoca que algunas especies se extingan al modificarse sus hábitats naturales.
- La captura ilegal de animales con fines comerciales.

⮑ **Deforestación**

- Sobrexplotación de la industria maderera.

◊ Provocación de incendios para posteriormente destinar dichos terrenos a la agricultura o ganadería.

8.3. Evaluación del impacto medioambiental

El elemento que se encarga de evaluar los efectos sobre el medio ambiente es la **evaluación de impacto medioambiental,** que es obligatoria en la mayoría de los proyectos urbanísticos. Este documento contiene la evaluación de los efectos que tiene el proyecto sobre el medio ambiente, y refleja las acciones que se van a llevar a cabo para prevenir o minimizar dichos efectos.

 **EJEMPLO**

Un ejemplo de impacto ambiental es la construcción de una autopista entre dos ciudades que mejoraría la comunicación entre ellas, reduciendo el tiempo que se debe invertir para desplazarse entre ellas, pero, para llevarla a cabo, se deben talar algunos árboles, además de la contaminación debida a los vehículos que transitan por ella, de forma que se verán afectadas las diversas especies que habitan en la zona.

En España la legislación que regula la evaluación ambiental es la **Ley 9/2018, de 5 de diciembre,** que establece, en su artículo 35, que corresponde al promotor la elaboración del estudio de impacto ambiental y que debe contener la siguiente información:

a. en este apartado se deben incorporar todos los elementos encaminados a identificar y justificar el proyecto, entre los que se encuentran:

◊ Descripción de la ubicación del proyecto
◊ Cantidad de suelo y tierra que ocupar, así como recursos naturales afectados.
◊ Descripción de los tipos, cantidades y composición de los residuos que se generan.

b. examen de las distintas alternativas al proyecto, indicando las que se consideran medioambientalmente mejores. Además de ser las mejores, deben ser viables y se debe justificar la solución que se elegirá de todas.

c. estudio inicial de la ubicación y sus condiciones medioambientales antes de la ejecución de las obras. En este estudio debe llevarse a cabo un inventario de todos los factores que pueden verse afectados por el proyecto, así como de las interacciones que se pueden producir entre ellos.

d. identificación, descripción, análisis y cuantificación de los efectos esperados sobre los factores enumerados en la letra c, ante riesgos de accidentes graves o de catástrofes, y sobre los efectos adversos significativos sobre el medio ambiente, en caso de que sucedan.

e. medidas que permitan prevenir, corregir y compensar los posibles efectos adversos significativos sobre el medio ambiente y el paisaje.

f. programa de vigilancia ambiental. Se debe establecer un sistema enfocado en garantizar el cumplimiento de las medidas medioambientales que se establezcan en el proyecto. Deben tener la posibilidad de prevenir, corregir y compensar las desviaciones que puedan producirse entre el informe y la ejecución real del proyecto.

g. resumen (no técnico) del estudio de impacto ambiental y establecimiento de conclusiones en un lenguaje fácilmente comprensible. Este resumen no debe superar las 25 páginas y debe redactarse con un lenguaje no técnico que cualquier persona sea capaz de entender.

Todos los organismos públicos, sensibles a la importancia del cuidado del medio ambiente, han llevado a cabo distintas regulaciones acerca de la protección medioambiental, para lo que han establecido las condiciones que se deben cumplir para conseguir una evaluación medioambiental favorable. Algunas de estas normativas son:

Directivas europeas	Legislación española	Convenios internacionales
- Directiva 2010/31/UE - Directiva 2012/27/UE - Directiva 2018/844/UE	- Ley 21/2013 - Ley 7/2021 - Ley 7/2022 - Real Decreto 390/2021 - Real Decreto 36/2023	- Espoo 1991 - Evaluación del medio ambiente en contexto transfronterizo - Kiev 2003 - Protocolo evaluación estratégica del medio ambiente - 2008 - Colaboración del Gobierno del Reino de España y el Gobierno de la República Portuguesa

IMPORTANTE

La Ley 21/2013, de 9 de diciembre, de evaluación ambiental, establece en su anexo I un listado de los proyectos que obligatoriamente deben desarrollar una evaluación ambiental.

TAREA 2

Isabel ha realizado un estudio de impacto medioambiental conforme al artículo 35 de la Ley 9/2018 para el proyecto de un cliente. Una vez presentado, la ha llamado el responsable de la concesión de la licencia y le ha informado de que no lo puede validar porque no se han establecido las acciones que se van a llevar a cabo con respecto a la vigilancia ambiental.

¿Puedes ayudar a Isabel indicándole alguna acción medioambiental para evitar que se paralice el proyecto de su cliente?

---

9. Resumen

Las construcciones y rehabilitaciones sostenibles son aquellas que incorporan materiales y procesos con un bajo impacto medioambiental sin olvidar la rentabilidad del proyecto.

La arquitectura bioclimática es la base de la construcción sostenible encargada de integrar el elemento arquitectónico en su entorno cuidando el equilibro con los elementos medioambientales.

Podemos definir los objetivos de la arquitectura bioclimática en:

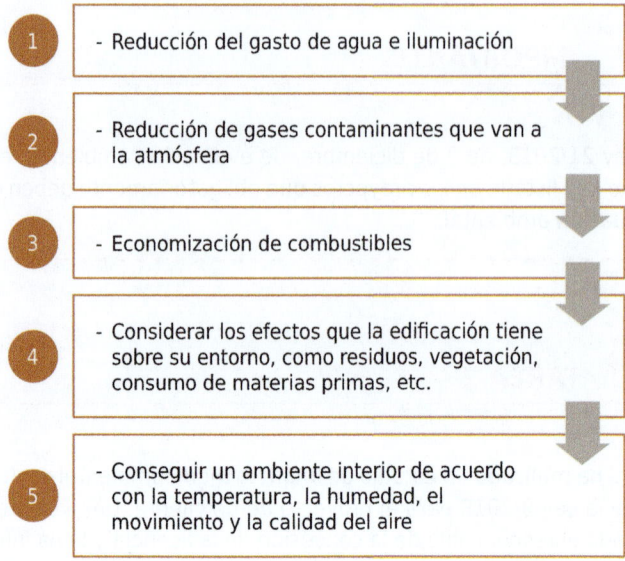

1. - Reducción del gasto de agua e iluminación

2. - Reducción de gases contaminantes que van a la atmósfera

3. - Economización de combustibles

4. - Considerar los efectos que la edificación tiene sobre su entorno, como residuos, vegetación, consumo de materias primas, etc.

5. - Conseguir un ambiente interior de acuerdo con la temperatura, la humedad, el movimiento y la calidad del aire

Para regular las construcciones o rehabilitaciones sostenibles de los edificios encontramos distintas normativas que poco a poco consiguen que el sector de la construcción evolucione incorporando técnicas constructivas que incorporan la sostenibilidad y el cuidado medioambiental.

Podemos decir que un elemento es sostenible cuando evaluamos la capacidad de un elemento de aguantar, resistir y permanecer inalterable durante su proceso de vida.

Para evaluar el comportamiento de un edificio y calcular su impacto medioambiental podemos apoyarnos en distintas herramientas y aplicaciones que están disponibles en internet.

Esta evaluación analiza los tres aspectos sobre los que se apoya el desarrollo sostenible, el ámbito económico, ambiental y social, aunque hay otros tipos que se centran en el comportamiento energético de manera exclusiva.

Se pueden llevar a cabo evaluaciones analizando distintos aspectos:

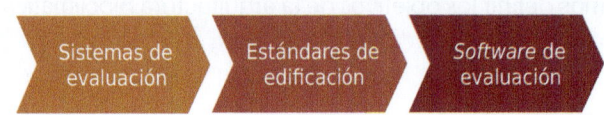

Sistemas de evaluación Estándares de edificación *Software* de evaluación

Para la certificación medioambiental, existen distintos estándares dependiendo del país en el que se encuentre la edificación.

Level(s) es un marco común lanzado por la Comisión Europea para tratar de unificar las distintas certificaciones existentes en los territorios de la Unión Europea basado en la economía circular y que integra los objetivos de desarrollo sostenible (ODS).

Level(s) se organiza en dieciséis criterios agrupados en seis macrobjetivos que se configuran en tres áreas temáticas.

Al incorporar la certificación medioambiental a nuestro edificio estamos añadiéndole las siguientes ventajas:

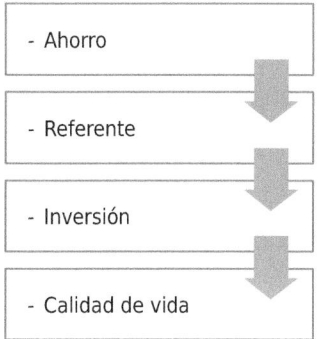

Todas las acciones que llevamos a cabo tienen una repercusión sobre el medio ambiente, que se analizan mediante la **evaluación de impacto medioambiental** que recoge los efectos debidos a nuestra forma de vida y de las actividades que llevamos a cabo.

Ejercicios de autoevaluación
Unidad de Aprendizaje 1

1. Entre las finalidades de la edificación sostenible se encuentra...

    a. ... la construcción de edificios respetuosos con el medio ambiente.
    b. ... medir el impacto medioambiental.
    c. ... rentabilizar el proyecto constructivo.
    d. Las opciones a y c son correctas.

2. ¿Cuál de los siguientes objetivos referidos a la arquitectura bioclimática es correcto?

    a. Economizar los combustibles.
    b. Reducir los gases contaminantes
    c. Reducir el gasto en agua e iluminación.
    d. Todas las opciones son correctas.

3. Dentro de los indicadores que se establecen para analizar la sostenibilidad no se encuentran...

    a. ... los indicadores de entorno social.
    b. ... los indicadores de entorno.
    c. ... los indicadores demográficos.
    d. ... los indicadores económicos.

4. El Código Técnico de la Edificación se organiza en...

    a. ... seis macrobjetivos y dieciséis criterios, siendo todos de cumplimiento voluntario.
    b. ... seis macrobjetivos y dieciséis criterios, siendo todos de obligado cumplimiento.
    c. ... tres apartados, dos de obligado cumplimiento y uno de cumplimiento voluntario.
    d. ... tres apartados, uno de obligado cumplimiento y dos de cumplimiento voluntario.

5. En la edificación sostenible se deben estudiar los impactos durante la etapa de...

    a. ... construcción.
    b. ... demolición.
    c. ... diseño.
    d. Todas las opciones son correctas.

6. El primer método de etiquetado de la sostenibilidad fue el sistema...

    a. ... BREEAM.
    b. ... CASBEE.
    c. ... LEED.
    d. ... VERDE.

7. El marco común lanzado por la Comisión Europea para tratar de unificar las distintas certificaciones se denomina...

    a. ... BREEAM.
    b. ... EUROPECERT.
    c. ... LEED.
    d. ... Level(s).

8. La herramienta informática que permite generar el informe de certificación energética y registrarlo electrónicamente en el organismo público competente en formato PDF es:

    a. *Design Builder*
    b. *Energy Plus*
    c. *Lider-Calener*
    d. *TRNSYS*

9. Entre las principales características que se deben tener en cuenta en una edificación sostenible no se encuentra...

    a. ... el emplazamiento.
    b. ... el resultado de la evaluación medioambiental.
    c. ... la iluminación.
    d. ... los sistemas de control.

10. La evaluación de impacto medioambiental debe(n) realizarla...

    a. ... el dueño de la edificación, habitualmente, las comunidades de propietarios.

    b. ... el promotor de la edificación.

    c. ... las Administraciones públicas.

    d. ... los organismos de control autorizados.

Sistemas internacionales de certificación ambiental de edificios

Contenido

1. Introducción
2. La certificación LEED: sistema de evaluación, requisitos y proceso de certificación
3. Otros sistemas internacionales de certificación ambiental de edificios: BREEAM, CASBEE, DGNB, iiSBE, HQE
4. Passive House – Passivhaus
5. Resumen

Objetivos

El objetivo general de esta Unidad de Aprendizaje es:

→ Conocer los distintos sistemas internaciones que permiten la certificación ambiental de los edificios.

Los objetivos específicos de esta Unidad de Aprendizaje son:

→ Definir la certificación LEED, el sistema de evaluación, los requisitos que se deben cumplir, el proceso y niveles de certificación, así como las condiciones que se deben cumplir para obtener la credencial como auditor de certificación.

→ Analizar distintos sistemas internacionales de certificación ambiental de edificios, como BREEAM, CASBEE, DGNB, iiSBE, HQE.

→ Establecer los elementos de mejora tras el análisis de los resultados obtenidos en una certificación LEED.

→ Establecer el resultado de una certificación CASBEE, conocidos los valores de la calidad (Q) y la carga (L) del entorno construido.

1. Introducción

Como ha quedado de manifiesto en el capítulo anterior, no hay un único modelo de certificación, sino que son los proyectistas o promotores los que eligen si quieren certificar su construcción y el modelo con el que quieren hacerlo.

La certificación de los edificios es un proceso totalmente voluntario, por lo que cada promotor decide si quiere o no llevar a cabo dicho procedimiento, aunque hay que tener en cuenta que los edificios que se certifican medioambientalmente están mejor valorados que los que no incorporan sistemas de cuidado medioambiental tanto en el proceso constructivo como a lo largo de su vida útil.

Cada país legisla un modelo de certificación medioambiental, por lo que podemos encontrar distintos certificados. La Comisión Europea, desde el año 2017, trata de unificar los criterios para llegar a un marco único dentro de los Estados miembros al que ha denominado Level(s).

Cristiana y Marian quieren tratar de establecer el sistema de certificación más adecuado a la mayor parte de sus proyectos para que la certificación se convierta en un elemento diferenciador con respecto al resto de estudios de arquitectura, por lo que analizarán distintos sistemas internacionales, algunos de los cuales ya conocían, pero de forma superficial.

2. La certificación LEED: sistema de evaluación, requisitos y proceso de certificación

 **HILO CONDUCTOR**

Marian y Cristiana están desarrollando un proyecto para un cliente que les ha pedido expresamente que el proyecto debe certificarse con el sistema LEED. Aunque tienen unos conocimientos básicos que adquirieron en una formación a la que acudieron el mes pasado, necesitan profundizar un poco en los requisitos y el proceso que deben seguir para lograr dicha certificación y cumplir la condición del cliente.

Continúa en página siguiente >>

<< Viene de página anterior

Ambas compañeras se plantean la posibilidad de certificarse en este sistema, si es que existe dicha posibilidad, para mejorar su experiencia laboral y atraer otros proyectos futuros.

La certificación LEED (Leadership in Energy & Environmental Design) es un sistema de certificación de edificios que se aplica tanto a edificios de nueva construcción como a proyectos de rehabilitación integral de edificios.

Esta certificación se desarrolló en el año 1993 por el **U. S. Green Building Council o Consejo de la Construcción Verde de los Estados Unidos** y en ella se establecen las normas y requisitos que deben cumplir los edificios que quieren obtener esta certificación.

Esta certificación **premia la utilización de estrategias sostenibles** en todos los procesos constructivos del edificio, desde la ubicación, eficiencia energética, ahorro de agua, calidad medioambiental interior y selección de materiales, sin perder de vista la rehabilitación o demolición del edificio si fuese necesario.

La certificación es un elemento que añade valor a las edificaciones que la incorporan frente al resto de las que se encuentran en su entorno.

SABÍAS QUE...

El primer edificio que obtuvo la certificación LEED fue en el año 1998 en Estados Unidos y se centró en el objetivo de reducir el impacto ambiental que se provocaba en el proceso constructivo.

Para la obtención de la certificación se asigna una puntuación a cada uno de los apartados, dependiendo del impacto medioambiental relacionado. La puntuación se multiplica por un factor de ponderación y se suman para obtener la puntuación global del edificio, que puede alcanzar los 104 puntos. A esta puntuación se le pueden incorporar 10 puntos extras (4 por aspectos ambientales regionales y 6 por la innovación en el diseño), lo que provoca que la puntuación máxima del proyecto sea de 114 puntos.

La puntuación se reparte en los siguientes aspectos:

➲ Sitio sustentable (10 puntos)

- ↻ Reducción de la polución debida a las actividades constructivas, para proteger las zonas naturales y facilitar la recuperación de las zonas afectadas cuando se lleva a cabo la edificación. LEED **no concibe** la posibilidad de edificación en zonas naturales.
- ↻ Reducción de las contaminaciones lumínicas o cualquiera que sea producida por los elementos del entorno.

➲ Eficiencia del agua (11 puntos)

- ↻ Optimización del uso del agua durante el tiempo que dura la construcción mediante el empleo de depósitos, incorporando sistemas de tratamiento.
- ↻ Reciclaje del agua, incorporando un sistema correcto de los deshechos que se encuentran en ella que favorece el uso racional dentro y fuera del edificio, para lo que se usarán sistemas eficientes.

➲ Energía y atmósfera (33 puntos)

- ↻ Uso eficiente de la energía, además de incorporar fuentes renovables y limpias.
- ↻ Disminución de las emisiones de CO_2.
- ↻ Favorecer la monitorización y control de los consumos.

Materiales y recursos (13 puntos)

- Integración de los sistemas de reciclaje y reducción del uso de materiales que incorporen ciertos componentes inadecuados con el medio ambiente.
- Se preocupa por el origen de los materiales de construcción priorizando el uso de materiales reutilizados.
- También analiza la manera en la que se manipulan los materiales.

Calidad de ambiente interior (16 puntos)

- Aspecto enfocado en el bienestar de los ocupantes del edificio, como la temperatura interior, calidad y renovación del aire, espacios sin humo, etc.
- Favorece aquellos elementos que cuidan la iluminación interior, vistas al exterior, aislamientos acústicos, etc.

Ubicación y transporte (20 puntos)

- Reducción de viajes en vehículos individuales, promueve la actividad física y el cuidado de la salud de las personas que habitan y se mueven por el entorno de la edificación.

Proceso integrativo (1 punto)

- Integración y actualización de los distintos procesos que intervienen en la consecución de un edificio sostenible.

Innovación (6 puntos)

- Se valora la incorporación de medidas que permitan un rendimiento superior al establecido en la certificación, o que no se incluyan en los puntos anteriores. Dicho de otra manera, se valora el compromiso constante de incorporar los últimos avances y tecnologías que colaboren con el cuidado del medio ambiente.

Prioridad regional (4 puntos)

- Desarrollo de mejoras en las zonas cercanas donde se ubica la edificación, como puede ser la reducción de la huella de carbono mediante el suministro de proveedores locales o regionales que reducen el transporte de los materiales hasta el punto donde se encuentra la construcción.

A continuación, puedes ver el resultado de una certificación que se llevó a cabo en el mes de febrero del año 2022 correspondiente a una bodega, cuya implantación se llevó a cabo en un nuevo edificio situado en la localidad riojana de Ollauri.

Puedes comprobar que, además de la calificación global, se desglosan los distintos elementos evaluados en cada uno de los apartados en los que se basa la certificación.

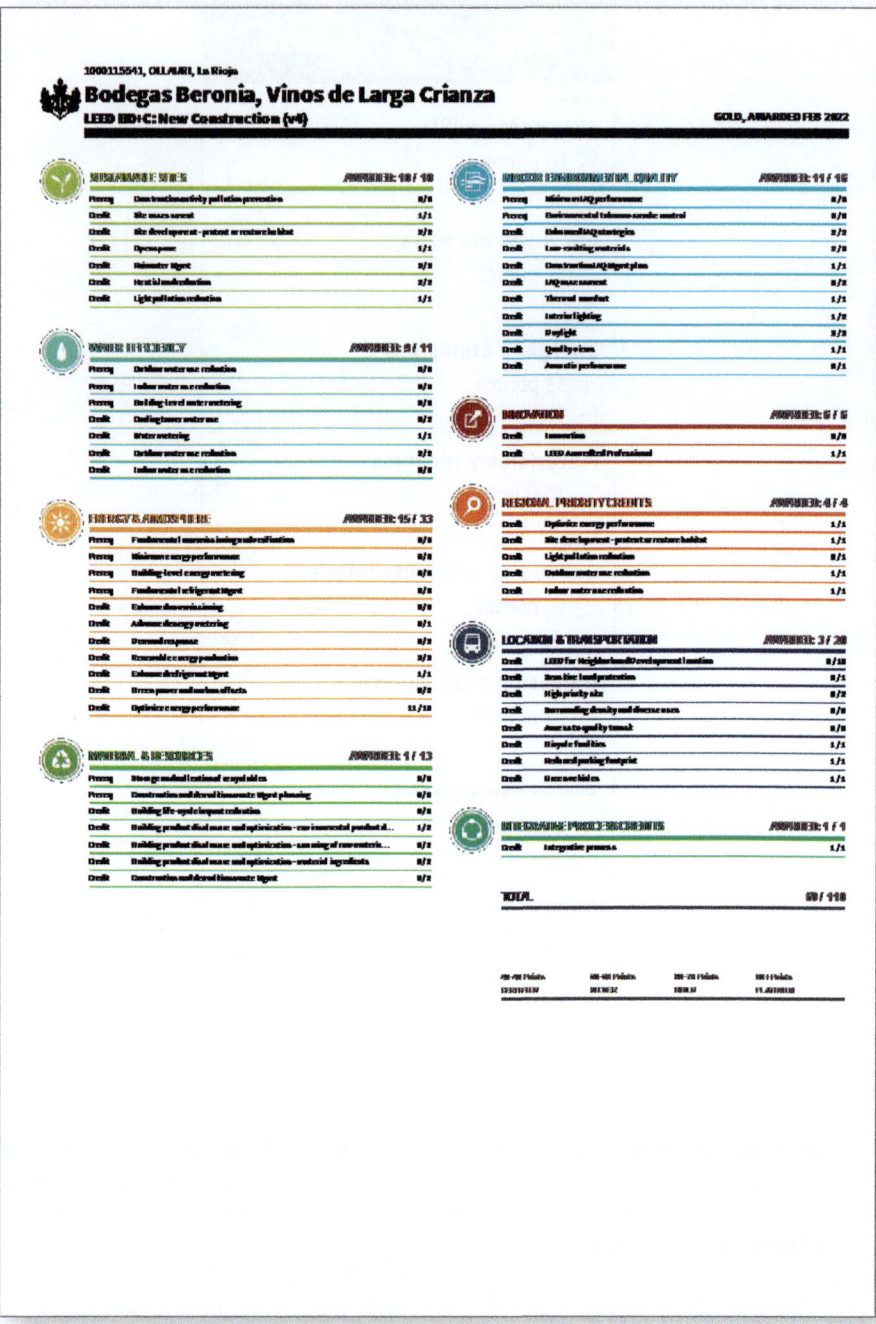

Hoja de evalaución de los distintos puntos para la bodega en La Rioja

 **IMPORTANTE**

La certificación LEED es una **verificación independiente** de que la construcción, rehabilitación o mantenimiento de un edificio cumple con las medidas de eficiencia energética encaminadas a conseguir un edificio sostenible.

Para obtener la certificación es necesario alcanzar una puntuación comprendida entre los 40 y 49 puntos. Si se obtienen más de 50 puntos, se obtiene la certificación Plata; si pasamos de los 60 puntos, alcanzamos la puntuación Oro, y, si superamos los 80, la certificación Platino.

Certificaciones y puntuación correspondiente a cada una

Certificado	**Plata**	**Oro**	**Platino**
40-49 puntos	50-59 puntos	60-79 puntos	+80 puntos

 PARA SABER MÁS

Puedes acceder al sitio web del consorcio LEED, accediendo desde aquí:

https://redirectoronline.com/enac018po0201

En el año 1998 se fundó SpainGBC (Spain Green Building Council), que es la responsable de **controlar las certificaciones LEED** en todo el territorio nacional. Está integrada en el USGBC desde el año 2006 y es miembro fundacional del WorldGBC.

Logotipo de SpainGBC

Dentro de la página web del SpainGBC puedes acceder a la Guía de Conceptos Básicos de Edificios verdes y LEED, que puede ayudarte a iniciarte en esta certificación y, si te quieres certificar, puedes acceder a la Guía de Estudio de LEED AP Diseño y Construcción de Edificios del USGBC.

 PARA SABER MÁS

Puedes consultar las anteriores guías a través de los siguientes enlaces:

Guía de Conceptos Básicos de Edificios verdes	Guía de Estudio de LEED AP Diseño y Construcción de Edificios del USGBC

https://redirectoronline.com/enac018po0202	https://redirectoronline.com/enac018po0203

TAREA 3

Fernando ha certificado su bodega usando el sistema LEED. Este sistema le ha otorgado 60 puntos sobre los 114 de puntuación máxima que permite este sistema. Aunque considera que la puntuación obtenida es buena, se ha dado cuenta de que está en el límite entre GOLD y SILVER y que reducir cualquier aspecto, por mínimo que sea, lo hace bajar de categoría de certificación, por lo que quiere asegurarse la certificación GOLD.

El informe de certificación que te ha enseñado es el que se reproduce a continuación:

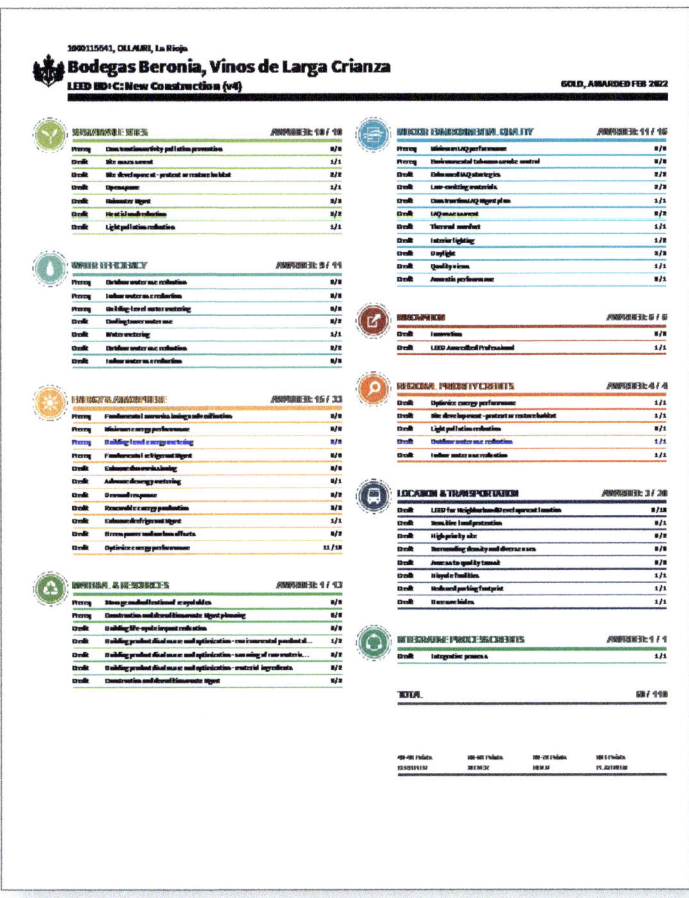

Continúa en página siguiente >>

<< Viene de página anterior

¿Puedes indicarle los elementos en los que debería hacer más hincapié para conseguir alcanzar una certificación GOLD?

2.1. Proceso de certificación LEED

El U. S. Green Building Council es un organismo privado que marca los pasos que se deben dar para conseguir la certificación ambiental de un edificio. En España puede llevarse a cabo el proceso de certificación LEED a través de la asociación privada sin ánimo de lucro **SpainGBC.**

Antes de comenzar el proceso de certificación, debemos comprobar si nuestro edificio es elegible para llevarla a cabo, es decir, si alcanza al menos los 40 puntos mínimos que se exigen para la obtención del certificado básico. Una vez alcanzados los 40 puntos, podemos comenzar el proceso de certificación. Este pasará por las siguientes etapas:

1. **Registro:** se registra el proyecto en la plataforma de la entidad certificadora. Se deben pagar las tasas correspondientes de inscripción del proyecto, de acuerdo con la superficie constructiva del proyecto.
2. **Plan de acción:** se establece la estrategia que se va a seguir para obtener la certificación y se comunican los elementos y estrategias que deben implementarse para conseguir la certificación dependiendo del tipo de certificado elegido (Certificado, Oro, Plata, Platino).
3. **Implementación:** se aplican las medidas establecidas en el proyecto al proceso de construcción del edificio.
4. **Documentación:** todas las evidencias que demuestran el cumplimiento de los requisitos quedan recogidas en un manual o paquete documental.
5. **Cuotas de certificación:** se abonan las cuotas de certificación. Al igual que las de registro, dependen de la superficie constructiva del proyecto.
6. **Revisiones:** las revisiones preliminares y finales se envían al Green Business Certification Institute (GBCI) para verificar que los criterios que se han establecido en el proyecto se cumplen.
   En cada revisión se establecen dos análisis, de manera que se pueden atender las indicaciones de los miembros que han llevado a cabo la revisión.
7. **Certificación:** el proyecto ha conseguido la certificación LEED.

Una vez conseguida la certificación del edificio, el USGBC procede a la inclusión del edificio en el **listado de edificios con certificación LEED,** al que se puede acceder desde la dirección web usgbc.org, donde se pueden consultar los detalles relativos al proyecto.

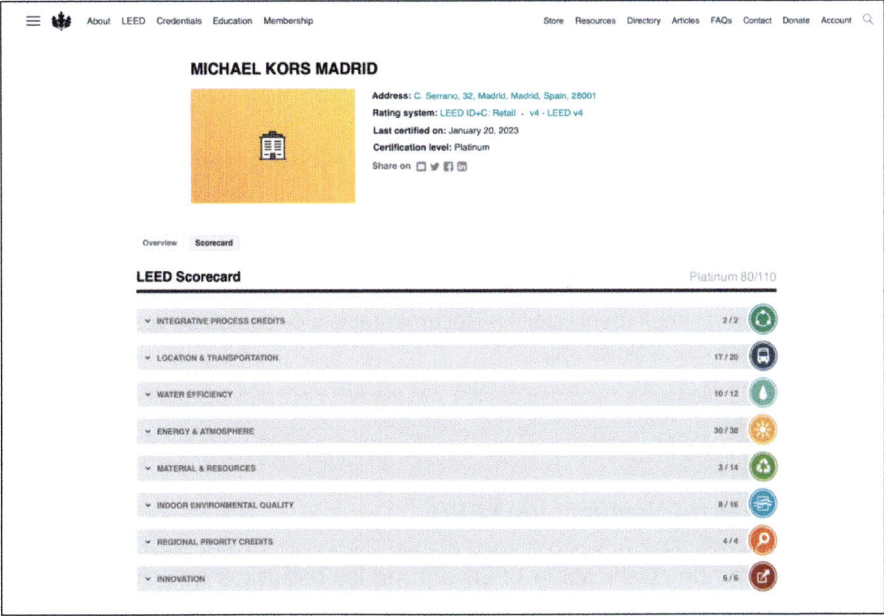

Ficha de información del proyecto en la web del USGBC

 **PARA SABER MÁS**

Puedes consultar una guía para la certificación LEED, accediendo desde aquí:

https://redirectoronline.com/enac018po0204

APLICACIÓN PRÁCTICA

Elena tiene que indicarle a un compañero los pasos que debe seguir para certificar un edificio medioambientalmente. Le ha indicado que comienza con el primer paso o registro y finaliza con las revisiones y la emisión del certificado.

¿Puedes ayudarla indicándole el orden de los apartados intermedios?

Solución

Las etapas por las que pasa un proceso de certificación son: Registro -> Plan de acción -> Implementación -> Documentación -> Cuotas de certificación -> Revisiones -> Certificación.

2.2. Sistemas de clasificación LEED

El sistema de clasificación LEED agrupa los requisitos que debe cumplir cada uno de los proyectos que se presentan, de acuerdo con sus necesidades específicas.

Los sistemas de clasificación han ido evolucionando desde el año 1998, en el que surge la versión LEED 1.0 y con la que se iniciaron diecinueve proyectos de certificación. En el año 2001 se lanzó la versión 2.0 para permitir que más sectores pudieran obtener la certificación LEED, pero no fue hasta el año 2003 cuando, debido al aumento de la cantidad de proyectos y a la incorporación de sectores como edificios existentes o interiores comerciales, se lanza la versión 2.1, que alcanzó los más de cinco mil proyectos certificados en el año 2009.

Esta certificación evoluciona de forma constante, por lo que en el año 2019 se lanza la **versión 4.1,** que se encuentra vigente actualmente y en la que se desarrollan **distintos tipos de estándares** dependiendo del proyecto y la fase en la que se encuentre el edificio.

El sistema de clasificación LEED versión 4.1 se organiza en las siguientes categorías:

- **BD + C – Diseño y construcción de edificios:** sistema para nuevas construcciones o remodelaciones. Se incluyen edificios residenciales independientemente del número de alturas y viviendas de estos. Dentro de este grupo se encuentran:

  - Nuevas construcciones
  - Actuaciones sobre el interior o fachadas
  - Sector educativo
  - Superficies comerciales
  - Centros de procesos de datos
  - Centros de logística
  - Edificios destinados al hospedaje y a la salud

- **ID + C – Diseño y construcción de interiores:** sistema válido para cualquiera de las operaciones que se pueden llevar a cabo sobre los interiores de una edificación. En este grupo encontramos:

  - Interiores de oficinas
  - Interiores residenciales
  - Interiores comerciales
  - Superficies comerciales
  - Edificios destinados al hospedaje

- **+ M – Operación y mantenimiento en edificios:** sistema válido para cualquiera de las operaciones que se pueden llevar a cabo durante los trabajos de mantenimiento de las edificaciones. Dentro de este grupo destacan:

  - Edificios existentes
  - Sector educativo
  - Superficies comerciales
  - Centros de procesos de datos
  - Centros de logística
  - Edificios destinados al hospedaje

- **Residencial - Diseño y construcción de viviendas:** sistema para cualquier tipo de edificio urbano. Dentro de este grupo se encuentran:

  - Las viviendas unifamiliares
  - Las viviendas multifamiliares

- **CC - Ciudades y comunidades:** sistema para cualquier tipología de desarrollo urbano.
- **Recertificación:** proyectos que han sido certificados previamente con el sistema LEED.

2.3. Las credenciales LEED

La certificación LEED es el sistema de certificación medioambiental de edificios que otorga el USGBC, pero los profesionales que lo deseen pueden acreditarse como auditores de dicho sistema a través de las credenciales LEED.

Las credenciales LEED podemos agruparlas en:

- **LEED Green Associate:** credencial básica para profesionales. Este examen mide el conocimiento de las prácticas de la construcción sostenible. Se centra en que las personas que la obtengan sean capaces de apoyar a otras personas que trabajen en otros proyectos que utilicen este sistema de certificación.
- **LEED AP con especialidad:** credencial para expertos. Este modelo de examen mide el conocimiento sobre la construcción sostenible, un sistema específico de calificación LEED y el proceso de certificación. Pueden obtenerse las siguientes especialidades:

  - LEED AP BD+C (diseño y construcción de edificios)
  - LEED AP O+M (operaciones y mantenimiento)
  - LEED AP ID+C (diseño de interiores y construcción)
  - LEED AP ND (desarrollo de vecindario)

   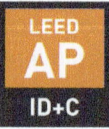  

LEED Green Associate   LEED AP con especialidad

Aunque no existen requisitos para poder acceder a la certificación, el GBCI recomienda que se esté familiarizado con los distintos conceptos que intervienen en la construcción sostenible, bien por su trabajo, estudios, bien por conocimientos del sector.

El examen se divide en tres grupos de preguntas:

Preguntas de memorizar	- Evalúan la capacidad de los aspirantes para recordar elementos presentados en un contexto similar a la bibliografía de preparación del examen.

Continúa en página siguiente >>

<< Viene de página anterior

Preguntas de aplicación	- Plantean situaciones o problemas nuevos, que pueden ser resueltos usando los principios y procedimientos descritos en la bibliografía de preparación del examen.

Preguntas de análisis	- Evalúan la capacidad de los candidatos para analizar el problema con objeto de proponer una solución. - Identifican y evalúan las relaciones e interacciones entre los elementos problemáticos.

PARA SABER MÁS

Puedes acceder a la documentación necesaria para obtener la certificación de manera gratuita dentro del apartado **Education** de la página web del USGBC.

- -

3. Otros sistemas internacionales de certificación ambiental de edificios: BREEAM, CASBEE, DGNB, iiSBE, HQE

HILO CONDUCTOR

Una vez que Cristiana y Marian han analizado el sistema LEED y han visto las posibilidades que les ofrece, incluyendo la certificación personal en dicho sistema, quieren examinar otros sistemas de certificación que pueden encontrar en el sector.

Aunque conocen algunos de ellos, han descubierto que la Comisión Europea ha lanzado un sistema propio de certificación, pero que, debido a la carga de trabajo actual, no pueden profundizar en este, aunque no lo quieren perder de vista porque están convencidas de que será el que se imponga en un futuro no muy lejano en los países que conforman la Unión Europea.

- -

Además del sistema LEED de certificación de edificios, como vimos en la unidad anterior, existen otros sistemas internacionales que llevan a cabo la certificación de los edificios y cuyas diferencias principales son la organización de los requisitos y el país en el que se ubica la edificación.

3.1. BREEAM

BREEAM (Building Research Establishments Assessment Method) es uno de los métodos más utilizados para certificar los edificios, superando los 600.000 edificios a nivel mundial.

Sello de certificación BREEAM

Este certificado evalúa los impactos ordenándolos en diez categorías:

 **PARA SABER MÁS**

Puedes obtener de forma gratuita los manuales técnicos de la metodología BREEAM, accediendo desde aquí:

https://redirectoronline.com/enac018po0206

Actualmente, podemos encontrar cinco certificaciones distintas:

BREEAM Urbanismo	Evalúa la sostenibilidad de los proyectos urbanísticos que se encuentran en barrios o ciudades.
BREEAM Vivienda	- Valora la sostenibilidad de las viviendas unifamiliares o de alquiler.
BREEAM Nueva construcción	- Comprende los proyectos de obra nueva, rehabilitación o ampliación.
BREEAM A medida	- Analiza los edificios singulares.
BREEAM En uso	- Evalúa los inmuebles que están en uso durante al menos un tiempo mínimo de dos años.

 **SABÍAS QUE...**

La primera versión de la certificación BREEAM se desarrolló en el año 1990 por el Gobierno británico.

Aunque esta certificación comenzó en el Reino Unido, con el paso del tiempo se ha ido extendiendo por el resto del mundo, pudiendo encontrarse en Alemania, Austria, Canadá, España, Holanda, Hong Kong, Luxemburgo, Noruega, Nueva Zelanda, Suecia y Suiza.

Relación de empresas que conforman el consejo asesor de BREEAM España

 **VÍDEO**

Puedes ver un vídeo de cómo se relaciona la sostenibilidad y la certificación BREEAM, accediendo desde aquí:

https://redirectoronline.com/enac018po0207

ACTIVIDAD COMPLEMENTARIA

3. Investiga acerca de los objetivos en los que se basa BREEAM España.

3.2. CASBEE

Comprehensive Assessment System for Built Environment Efficiency (CASBEE) es un sistema de evaluación del rendimiento medioambiental de los edificios, tanto públicos como privados, que en el año 2001 se estableció como estándar dentro del sector de la construcción en Japón.

Se centra en la reducción del uso de recursos naturales y en la mejora de la calidad de las personas desde su vivienda hasta la ciudad en la que viven, para lo que se utiliza un sistema de clasificación basado en cinco niveles: S, A, B+, B- y C.

Sello de certificación
CASBEE

SABÍAS QUE...

Existe una versión abreviada que es usada por autoridades locales o regionales para la creación de CASBEE específicos para su zona de influencia, como por ejemplo CASBEE Osaka, o CASBEE Nagoya, lo que permite establecer unos requisitos específicos de acuerdo con el entorno en el que se lleva a cabo la edificación.

Las versiones de CASBEE que podemos encontrar son:

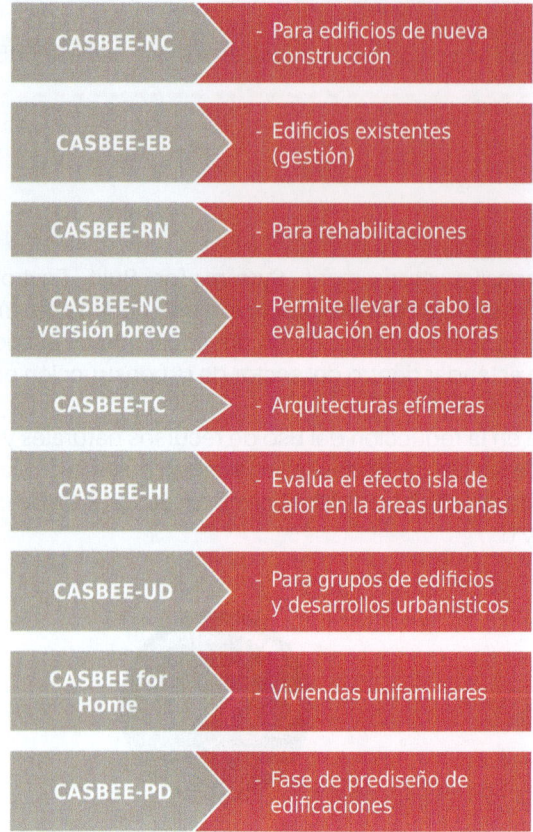

CASBEE-NC	- Para edificios de nueva construcción
CASBEE-EB	- Edificios existentes (gestión)
CASBEE-RN	- Para rehabilitaciones
CASBEE-NC versión breve	- Permite llevar a cabo la evaluación en dos horas
CASBEE-TC	- Arquitecturas efímeras
CASBEE-HI	- Evalúa el efecto isla de calor en la áreas urbanas
CASBEE-UD	- Para grupos de edificios y desarrollos urbanisticos
CASBEE for Home	- Viviendas unifamiliares
CASBEE-PD	- Fase de prediseño de edificaciones

La eficiencia de la construcción que se está evaluando se calcula basándose en la relación entre la **calidad (Q)** y la **carga (L) del entorno construido.** Dependiendo de los valores obtenidos, se obtiene la clasificación del rendimiento ambiental, que, dependiendo de los valores BEE, puede ser:

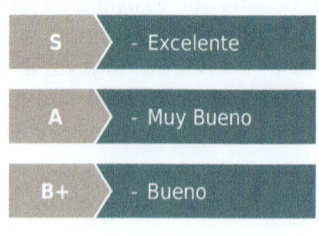

S	- Excelente
A	- Muy Bueno
B+	- Bueno

Continúa en página siguiente >>

<< Viene de página anterior

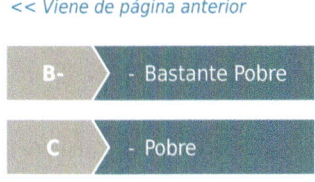

Para facilitar la comprensión del resultado se incorpora una valoración mediante el uso de estrellas coloreadas.

Gráfico para obtención del grado de certificación

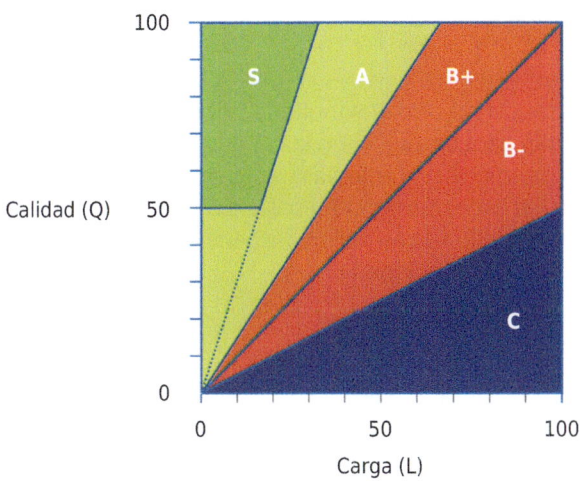

Grado	Clasificación	Valores BEE	Indicador
S	Excelente	Más de 3.0	★★★★★
A	Muy Bueno	Entre 1,5 y 3.,0	★★★★
B	Bueno	Entre 1,0 y 1,5	★★★
B	Bastante Pobre	Entre 0,5 y 1,0	★★
C	Pobre	Menor de 0,5	★

*Tabla de correspondencia entre grados, clasificaciones e indicadores de acuerdo con los valores
del BEE*

TAREA 4

Carla está realizando la certificación de un edificio utilizando el sistema CASBEE y ha obtenido 60 puntos en la calidad del entorno y para la carga del entorno el valor obtenido ha sido de 80 puntos.

¿Puedes indicarle el ranquin y el grado de valoración que ha obtenido?

3.3. DGNB

Esta certificación ha sido desarrollada por el Sustainable Building Council DGNB alemán para llevar a cabo la certificación y evaluación de la sostenibilidad de los edificios, que se basa en la valoración de las personas, medio ambiente y los aspectos económicos, valorando de la misma manera a los tres aspectos y centrada en mejorar aspectos tangibles dentro de la sostenibilidad de las construcciones.

Logotipo de DGNB

Evalúa los siguientes aspectos relacionados con la sostenibilidad:

- ⮕ **Las personas en el centro:** si tenemos en cuenta que pasamos una parte importante de nuestras vidas dentro de los edificios, debemos cuidar el diseño de los interiores de manera que cuiden el bienestar de las personas que los habiten.
- ⮕ **Economía circular:** promover el uso responsable de los recursos, favoreciendo el uso de materiales que tengan en cuenta las posteriores modificaciones estructurales que deban llevarse a cabo, sin perder de vista el desmantelamiento del edificio una vez que finalice su vida útil.

La economía circular trata de reutilizar los materiales reduciendo su desperdicio.

- **Calidad del diseño:** estableciendo la calidad del diseño como elemento fundamental de la construcción sostenible teniendo en cuenta la manera en la que el edificio favorece la mejora del entorno en el que se ubica.
- **Objetivos de desarrollo sostenible:** apoyo de los **objetivos de desarrollo sostenible** de forma que se incorporen la mayor parte de objetivos posibles, asegurando su utilización mediante una certificación.
- **Protección del clima:** los edificios tienen la capacidad de reducir las emisiones de CO_2 de forma importante, por lo que se recomienda bonificar a los edificios que menos emisiones generen.
  El CO_2 se encuentra presente en la mayor parte de los procesos industriales, por lo que se deben modificar para reducir las cantidades generadas.
- **Innovación:** la innovación debe seguir incorporándose una vez que se ha finalizado la construcción o remodelación del edificio para asegurar que sigue siendo sostenible con el paso del tiempo.

 **PARA SABER MÁS**

Puedes descargar las distintas publicaciones de DGNB accediendo desde aquí:

https://redirectoronline.com/enac018po0208

Los **aspectos medioambientales** en los que se centra son:

Ecología	Consumo de agua potable.
	Emisión de elementos tóxicos y riesgos sobre el entorno.
Economía	Limpieza y mantenimiento de los materiales usados en la construcción.
	Comportamiento ante las reparaciones posteriores.
Procesos	Planificación y proyecto.
	Ejecución de la obra.
Emplazamiento	Elementos medioambientales positivos.
	Redes de transporte públicos, entornos, etc.
Aspectos socioculturales y funcionales	Tiempo libre y descanso de los habitantes.
	Bienestar y confort de las personas.

Distintivos de calificación DGNB

PARA SABER MÁS

Puedes consultar la información completa sobre los indicadores y criterios del sistema DGNB accediendo desde aquí:

https://redirectoronline.com/enac018po0209

3.4. iiSBE

iiSBE es una organización sin ánimo de lucro de ámbito internacional que promueve políticas, herramientas y métodos que consigan un entorno constructivo que sea sostenible.

Desarrolla su sistema de evaluación del rendimiento de los edificios SBTool que, basado en una hoja de cálculo, permite, además de adaptarse a los diferentes tipos de locales y edificios, llevar a cabo la evaluación de una manera sencilla.

Logotipo del iiSBE

PARA SABER MÁS

Puedes consultar la herramienta desde la página web del iiSBE, accediendo desde aquí:

https://redirectoronline.com/enac018po0210

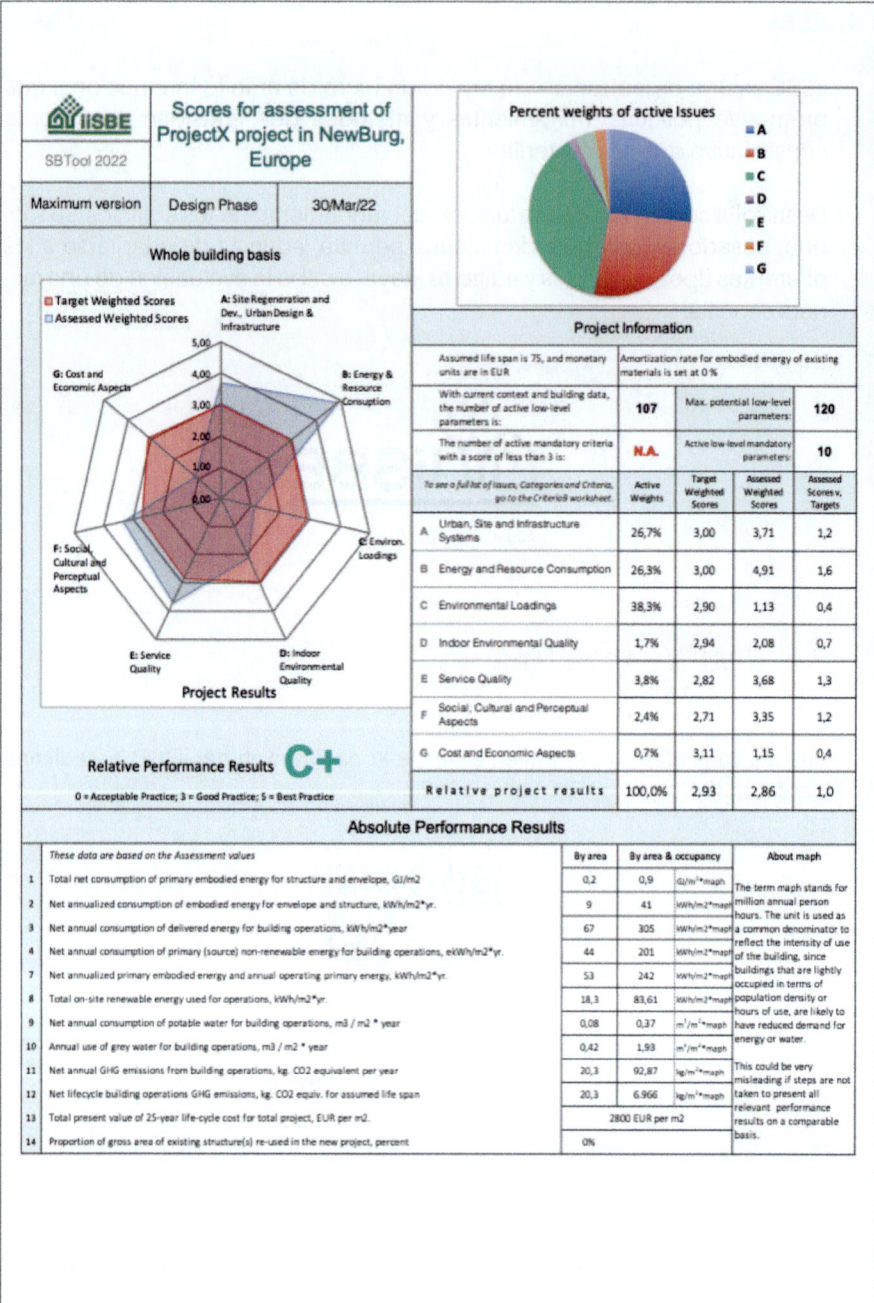

Hoja de resultados obtenidos usando la herramienta SBTool de iiSBE

SABÍAS QUE...

El iiSBE está trabajando en una herramienta de evaluación de daños en zonas urbanas o edificios debidos a la guerra de Ucrania, y que también se puede usar en terremotos, incendios forestales, inundaciones o islas de calor, cuya primera versión se lanzó el 29 de enero de 2023.

3.5. HQE

Haute Qualité Environnementale es propiedad de HQE Association y está centrado en el análisis del ciclo de vida de los edificios, independientemente del uso al que se destinen.

La calidad medioambiental en la que se basa esta certificación se agrupa en los siguientes objetivos:

Ecoconstrucción	Ecogestión
- Relación de los edificios con su entorno - Elección de los procesos y productos de construcción - Baja contaminación	- Gestión de la energía - Gestión del agua - Gestión de los residuos - Conservación y mantenimiento

Confort	Salud
- Control acústico - Control hidrotérmico - Control olfativo - Control visual	- Condiciones de salud - Calidad del aire - Calidad del agua

Cada uno de los elementos que integran los objetivos se valoran con un máximo de hasta cuatro estrellas. Una vez evaluados los objetivos, se obtiene la calificación, que puede ser Pasa, Buena, Muy Bueno, Excelente y Excepcional.

Logotipo de certificación HQE

Para obtener el certificado HQE se deben llevar a cabo los siguientes pasos:

⊃ **Inicio**

ᛋ Se genera la solicitud con una descripción de los objetivos que el proyecto quiere alcanzar.
ᛋ Se realiza el análisis y verificación del proyecto.
ᛋ Se establece el importe que se debe abonar y se inicia el proceso de certificación.

⊃ **Auditorías**

ᛋ Mediante las auditorías se verifica el cumplimiento de los criterios medioambientales. Cada auditoría establece sus resultados en un informe que recoge la evolución del proyecto.

⊃ **Certificación**

ᛋ Se presentan los informes de auditoría a una comisión.
ᛋ La comisión emite su resolución y un precertificado.
ᛋ Una vez que se produce la aprobación final, se lleva a cabo la auditoría de cierre y se entrega el certificado final HQE.

Certificado HQE (High Quality Environmental) otorgado en el año 2020 a un edificio de cuarenta y seis viviendas en Bilbao. (Fuente: construible.es)

APLICACIÓN PRÁCTICA

Carlos tiene que certificar su edificación usando el sistema HQE, por lo que comenzará estableciendo los elementos que debe incorporar en cada uno de los grupos de objetivos. ¿Puedes indicarle qué elementos debe tener en cuenta dentro del objetivo Salud?

Solución

Dentro del objetivo Salud se encuentran los elementos:

- Condiciones de salud, calidad del aire, calidad del agua.

Mientras que los correspondientes al Confort, Ecogestión y Ecoconstrucción, son:

- Control acústico, control hidrotérmico, control olfativo, control visual.
- Gestión de la energía, gestión del agua, gestión de los residuos, conservación y mantenimiento.
- Relación de los edificios con su entorno, baja contaminación.

3.6. Level(s)

Level(s) es una iniciativa de la Comisión Europea para establecer un marco europeo para evaluar el rendimiento y sostenibilidad de los edificios desde su diseño hasta el final de su vida útil.

Mediante el uso de indicadores básicos, Level(s) identifica aquellos puntos críticos de sostenibilidad que deben corregirse para fortalecer la sostenibilidad de los edificios.

Level(s) es **gratuito** y de **código abierto,** por lo que cualquier ciudadano europeo puede utilizarlo. Para facilitar su uso, la Comisión Europea, dentro de la página del proyecto, incorpora una sección con distintos manuales y tutoriales de uso.

Se organiza en **seis macrobjetivos** que contienen distintos indicadores de sostenibilidad que valorarán el rendimiento del edificio.

1. **Emisiones de gases de efecto invernadero a lo largo del ciclo de vida de un edificio**

   ◑ **Objetivo:** Minimizar la producción de carbono durante la fase de uso del edificio.
   ◑ **Indicadores:**

      1. Eficiencia energética en la fase de uso ($kWh/m^2/año$)

         ● Demanda de energía primaria
         ● Demanda energética suministrada

      2. Potencial de calentamiento global durante el ciclo de vida ($CO_2/m^2/año$)

2. **Ciclos de vida de materiales circulares y eficientes en recursos**

   ◑ **Objetivo:** Optimizar el diseño del edificio, incluyendo:

      ⇕ Uso y cantidades de materiales de construcción
      ⇕ Minimizar los residuos de construcción y demolición generados para optimizar el uso del material.
      ⇕ Ciclos de reemplazo y flexibilidad para adaptarse al cambio
      ⇕ Potencial de deconstrucción en lugar de demolición

   ◑ **Indicadores:**

      1. Factura de cantidades, materiales y vida útil
      2. Residuos y materiales de construcción y demolición
      3. Diseño para adaptabilidad y renovación
      4. Diseño para la deconstrucción, reutilización y reciclaje

3. **Uso eficiente de los recursos hídricos**

   ◑ **Objetivo:** Utilice el agua de manera eficiente, particularmente en áreas de estrés hídrico identificado a largo plazo o proyectado.
   ◑ **Indicadores:**

      1. Uso del consumo de agua en etapa ($m^3/ocupante/año$)

4. **Espacios saludables y cómodos**

   ◑ **Objetivo:** Crea edificios que sean cómodos, atractivos y productivos. Esto incluye cuatro aspectos de la calidad ambiental del interior:

⇕ El aire interior para parámetros y contaminantes específicos

⇕ El grado de confort térmico

⇕ La calidad de la luz artificial y natural y la comodidad visual asociada

⇕ La capacidad del tejido del edificio para aislar a los ocupantes de fuentes internas y externas de ruido

☉ **Indicadores:**

1. Calidad del aire interior
2. Tiempo fuera del rango de confort térmico
3. Iluminación y comodidad visual
4. Acústica y protección contra el ruido

5. **Adaptación y resiliencia al cambio climático**

☉ **Objetivo:** Rendimiento del edificio a prueba de futuro:

⇕ Adaptarse a los cambios del clima futuro que afecten a la comodidad térmica.

⇕ Haga que el edificio sea más resistente a los fenómenos meteorológicos extremos (incluidas las inundaciones: fluviales, pluviales y costeras).

⇕ Mejorar el diseño del edificio para reducir las posibilidades de eventos de inundaciones pluviales/fluviales en el área local (es decir, aumentar el drenaje sostenible).

☉ **Indicadores:**

1. Protección de la salud del ocupante y comodidad térmica
2. Mayor riesgo de clima extremo
3. Drenaje sostenible

6. **Coste y valor optimizados del ciclo de vida**

☉ **Objetivo:** Vista a largo plazo de los costes de vida y el valor de mercado de edificios más sostenibles, incluyendo:

⇕ Costes del ciclo de vida (construcción, operación, mantenimiento, renovación y eliminación).

⇕ Fomentar la integración de los aspectos de sostenibilidad en los procesos de evaluación del valor de mercado y calificación de riesgos y garantizar que esto se haga de la manera más informada y transparente posible.

Ꙩ Indicadores:

1. Costes del ciclo de vida (€/m²/año)
2. Creación de valor y factores de riesgo

Esta certificación se ha implantado en Eslovenia en el edificio de oficinas Experience Centre cuyo desarrollo se llevó a cabo por la empresa Knauf Insulation, en los bloques de viviendas Lighthouse Joensuu en Finlandia o el Ecoparc Micheville de Francia. En España están certificadas con el sistema Level(s) las oficinas de la sede de la Consejería de Territorio y Sostenibilidad del Gobierno Catalán y la Agencia Catalana de la Vivienda.

Lighthouse Joensuu en Finlandia
(Fuente: puuinfo.fi)

 **CONSEJO**

Te recomendamos acceder a la plataforma online de formación de la Unión Europea (academy.europa.eu) y realizar la formación gratuita de Level(s).

Continúa en página siguiente >>

<< Viene de página anterior

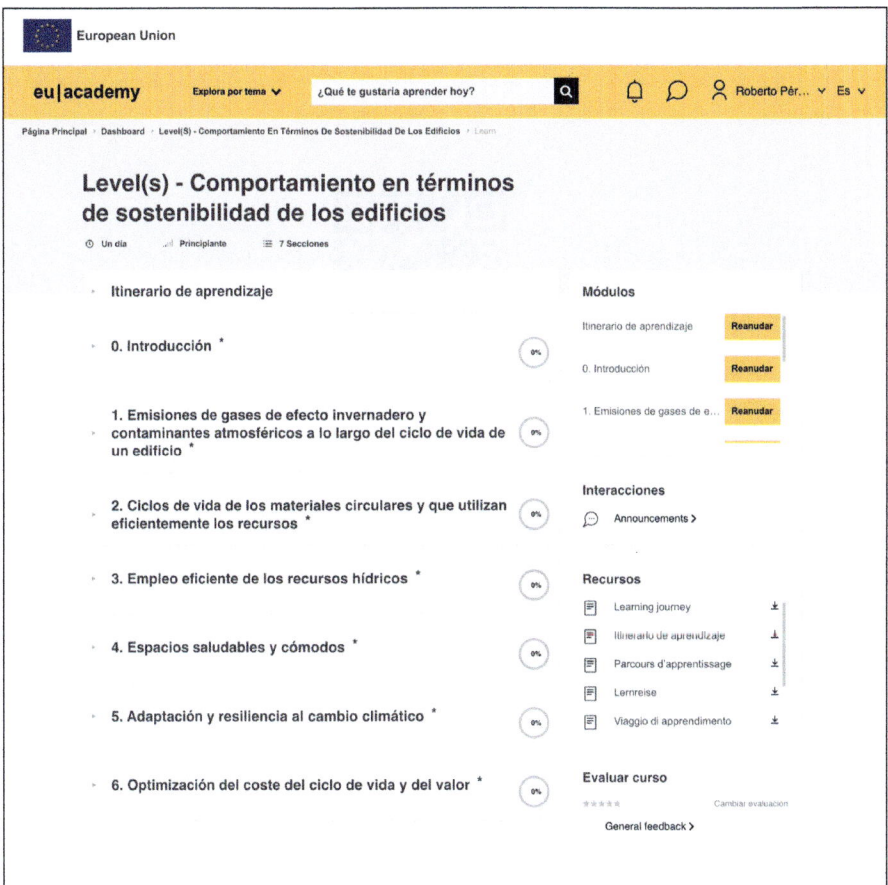

Página del curso gratuito de introducción a Level(s) ofrecido por la Unión Europea

Para llevar a cabo una evaluación mediante el sistema Level(s), podemos ayudarnos de la herramienta de cálculo y evaluación (CAT), a la que se puede acceder desde la página, en el apartado **Herramientas y formación.**

 **PARA SABER MÁS**

Puedes acceder a toda la información actualizada de Level(s) desde el siguiente enlace:

https://redirectoronline.com/enac018po02100

Una vez que nos registramos en la plataforma de la Comisión Europea, ya podemos comenzar a utilizar la herramienta de cálculo y evaluación (CAT), además de acceder a una gran cantidad de recursos e información.

Los pasos que se deben seguir son los siguientes:

Creación de la cuenta CAT

- Creación de una cuenta gratuita. Nos recomiendan leer el manual de usuario que se encuentra dentro del menú Soporte.

Identificar las necesidades de la evaluación

- Identificar los aspectos del rendimiento de la sostenibilidad que se quieren medir en el proyecto.

Identificación y datos del proyecto

- Se deben introducir los datos para los distintos niveles y etapas por las que pasa un edificio a lo largo de su vida, que se clasifican en:
    - Nivel 1 – Concepto del proyecto de construcción
    - Nivel 2 – Etapas de diseño y construcción del edificio
    - Nivel 3 – Finalización y entrega al cliente

Continúa en página siguiente >>

<< Viene de página anterior

Visualización y comparación de los resultados

- Visualización y comparación de los resultados de la evaluación del rendimiento, que nos permite comparar distintos diseños del mismo edificio para poder seleccionar la opción que ofrece un mejor rendimiento: Visualice los resultados de la evaluación del rendimiento de la sostenibilidad en CAT y compare proyectos (por ejemplo, podrías comparar resultados de tres diseños distintos del mismo edificio para ver cuál es la opción con mejor rendimiento)

 ## ACTIVIDAD COMPLEMENTARIA

4. Sabiendo que el sistema Level(s) se lanzó en el año 2018, y que la Comisión Europea quiere aumentar su implantación, en esta actividad propón distintas acciones que se podrían llevar a cabo para promover este sistema.

3.7. EDGE

El sistema EDGE (Excellence in Design for Greater Efficiencies) es un proyecto de la Corporación Financiera Internacional (IFC), miembro del Grupo del Banco Mundial, que trata de ofrecer una solución capaz de medir la relevancia que adquiere la ecología en el ámbito de la construcción para tratar de desbloquear la inversión financiera.

Este sistema pone a nuestra disposición una aplicación que nos ayuda a reducir la cantidad de recursos necesarios a la hora de construir el edificio.

Logotipo del proyecto Edge

Características

Entre otras opciones, EDGE nos va a permitir:

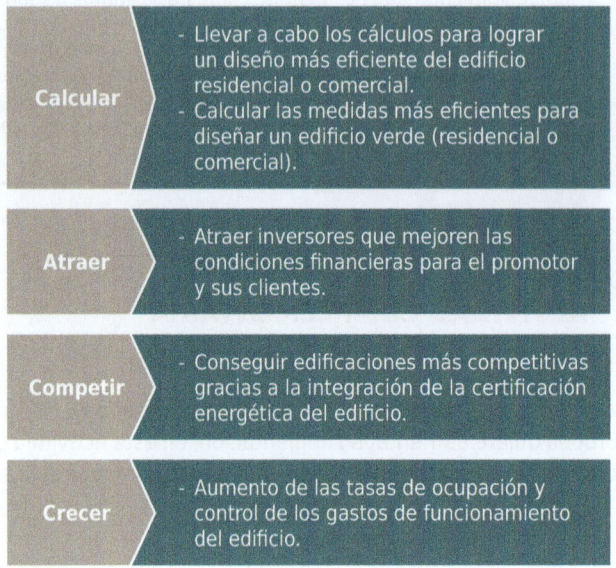

Calcular
- Llevar a cabo los cálculos para lograr un diseño más eficiente del edificio residencial o comercial.
- Calcular las medidas más eficientes para diseñar un edificio verde (residencial o comercial).

Atraer
- Atraer inversores que mejoren las condiciones financieras para el promotor y sus clientes.

Competir
- Conseguir edificaciones más competitivas gracias a la integración de la certificación energética del edificio.

Crecer
- Aumento de las tasas de ocupación y control de los gastos de funcionamiento del edificio.

Aunque podemos encontrar distintos sistemas de certificación medioambiental, EDGE se diferencia del resto en:

➲ **Gratis:** la aplicación para llevar a cabo la certificación es gratuita. Puedes acceder a la EDGE App desde el siguiente enlace: https://app.edgebuildings.com/

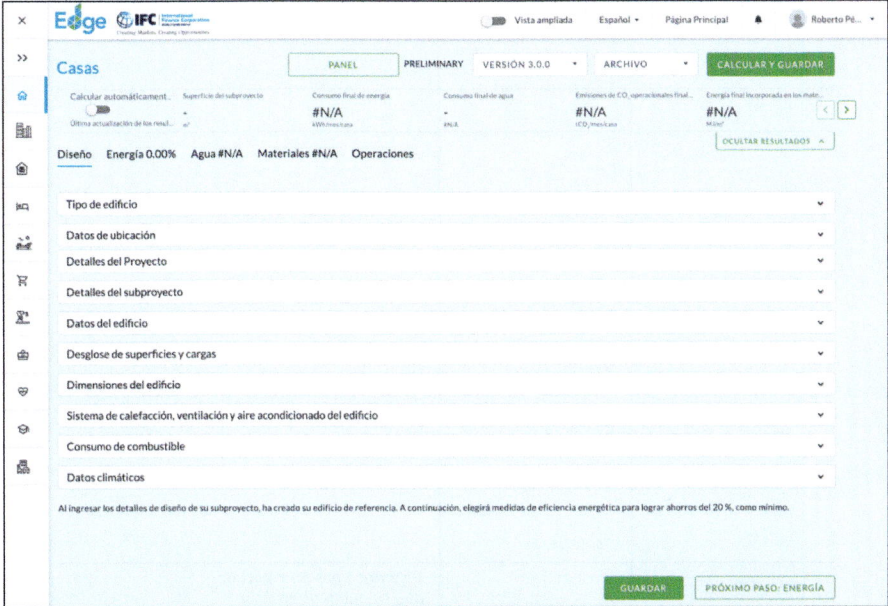

Pantalla principal para introducir la información del edificio por certificar

● **Adaptado:** está adaptado a la normativa de cada uno de los países en los que se ubica el edificio que quiere ser certificado.
● **Calculadora:** conforme se van introduciendo los datos se muestran los resultados, actualizándose cada vez que se modifica o introduce alguno:

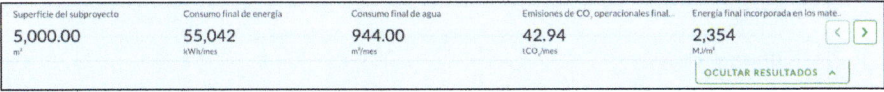

Calculadora en la parte superior de la aplicación EDGE

● **Expertos:** se pueden encontrar distintos profesionales que pueden ayudar en la certificación en los diferentes países.
● **Certificación:** *EDGE* permite certificar cualquier tipo de edificio, para lo que será suficiente seleccionar el tipo dentro de la propia aplicación antes de comenzar a introducir los datos.

Distintos tipos de edificios que se pueden certificar usando EDGE

⊃ **Simple:** el proceso de certificación es muy sencillo. Únicamente deben cumplimentarse los datos de la edificación en cada una de las pestañas de la aplicación para que al finalizar nos facilite el informe correspondiente.

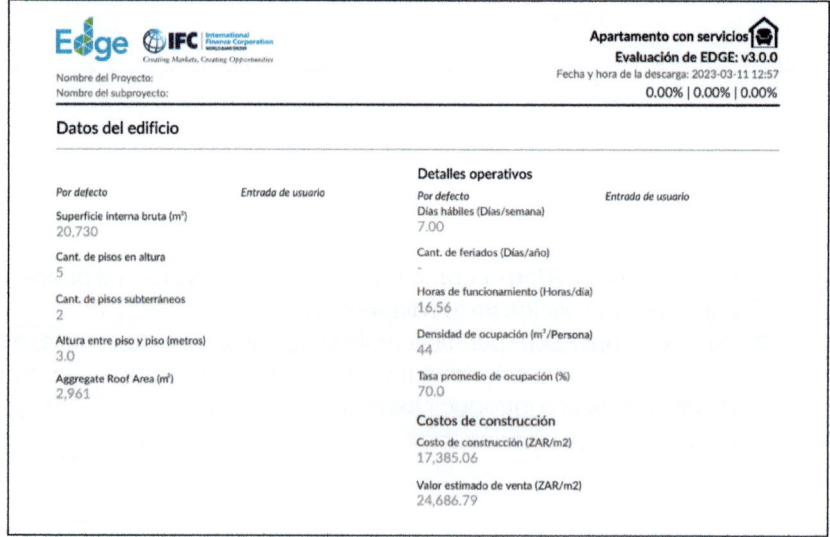

Informe resumen presentado por la herramienta en formato PDF

Para llevar a cabo una certificación medioambiental de un edificio o vivienda usando EDGE, se deben seguir los siguientes pasos:

1	- Se debe seleccionar la estrategia constructiva con un auditor EDGE.
2	- La aplicación calcula el impacto ambiental, financiero, así como la energía, el agua y la energía usada en la fabricación de los materiales.
3	- Se procede al registro del proyecto por parte del auditor/certificador seleccionado antes de iniciar el proyecto.
4	- Se vuelca la información del proyecto en la aplicación y se comienza el proceso constructivo.
5	- Se emitirá el certificado preliminar, si no hay aspectos que corregir, en un plazo aproximado de 3 semanas.

 PARA SABER MÁS

Puedes descargarte la guía del usuario de EDGE, actualizada en el año 2021, en la que se recoge la forma de certificación de cualquier tipo de edificio, accediendo desde aquí:

https://redirectoronline.com/enac018po0211

EDGE está financiado actualmente por el Gobierno del Reino Unido con fondos originales de la Secretaría de Estado de Asuntos Económicos de Suiza (SECO), aunque Austria, Canadá, Dinamarca, Hungría y Japón, junto con la Unión Europea, han prestado apoyo adicional.

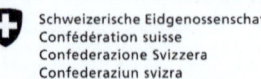

Schweizerische Eidgenossenschaft
Confédération suisse
Confederazione Svizzera
Confederaziun svizra

Swiss Confederation

Federal Department of Economic Affairs
Education and Research EAER
State Secretariat for Economic Affairs SECO

Entidades que financian actualmente EDGE

Niveles de certificación EDGE

La certificación EDGE nos ofrece tres niveles de certificación, dependiendo de la cantidad de ahorro de energía a los que aspira el edificio, siendo el nivel más bajo el ahorro de un 20 % en la cantidad de agua necesaria para su funcionamiento.

⮑ **20 % - Certificado EDGE**

- Dentro de este nivel hay que conseguir un ahorro del 20 % en las categorías energía, agua y energía utilizada en la fabricación de los materiales.
- Se debe llevar a cabo en las etapas de certificación preliminar y final.
- No es necesaria su renovación.
- Tiene asociadas unas tasas de registro y certificación.

⮑ **40 % - Zero Carbon Ready**

- Hay que conseguir un ahorro del 40 % en el ahorro de energía.
- Se debe llevar a cabo en las etapas de certificación preliminar y final.
- No es necesaria su renovación.
- Tiene asociadas unas tasas de registro y certificación.

⮑ **100 % - Zero Carbon**

- Hay que conseguir que las energías utilizadas en el edificio o ubicación sean 100 % procedentes de energías renovables, incluyendo las utilizadas en los circuitos de climatización y calefacción.
- Se debe llevar a cabo transcurrido un año desde que se ha obtenido la certificación EDGE final y la ocupación del edificio alcanza al menos el 75 %.

○ Se debe renovar cada cuatro años si la energía utilizada es 100 % renovable y cada dos si se utilizan energías no renovables.

○ Además de las tarifas de registro y certificación, tiene un coste aproximado de 1.000 €.

 PARA SABER MÁS

EDGE pone a disposición de sus clientes la guía para aplicar la certificación EDGE Zero Carbon que trata de que los edificios nuevos sean Zero Carbon para el año 2030 y la totalidad de las edificaciones para el año 2050 cumplan esta especificación, puedes acceder a su guía desde aquí:

Guía del usuario de EDGE

https://redirectoronline.com/enac018po0212

Empresas certificadoras EDGE en diferentes países

Sintali-SGS

GBCI
Green Business
Certification Inc.

Green Building
Council Indonesia

Continúa en página siguiente >>

<< *Viene de página anterior*

SGS-Vietnam   Philippine Green   Green Building
                     Building Initiative   Council Costa Rica

Green Building   Hong Kong Quality Assurance
Council of South Africa   Authority (HKQAA)

3.8. WELLTM

WELL Building Standard (WELLTM) se lanzó al mercado en el año 2014, siendo el principal estándar en espacios interiores y edificios que buscan intervenir en el entorno promoviendo mejoras en la salud de las personas. Para ello incorpora recomendaciones y directrices publicadas por organismos públicos y privados.

El organismo responsable de este estándar es el Instituto Internacional de Construcción WELL (IWBI), que se centra en el cuidado de la salud de las personas a través del diseño del entorno de las edificaciones, para lo que trabaja en la mejora de la comodidad y en la búsqueda de opciones que, además de cuidar el medio ambiente, no comprometan la salud y el bienestar de las personas.

Logotipo del instituto WELL

Las certificaciones en este estándar (WELL Certification y WELL AP) se llevan a cabo por entidades ajenas al IWBI, como el Green Business Certification Inc. (GBCI), que también gestiona la certificación LEED.

Características

Este estándar se basa en los siguientes principios:

Equitativo
- Su objetivo es beneficiar a las poblaciones desfavorecidas o vulnerables.

Global
- Propone acciones que son alcanzables, factibles y relevantes en cualquier parte del mundo.

Evidente
- Se basa en las evidencias que se recogen de la implementación de la certificación para establecer mejoras. Se apoya en las indicaciones recogidas por los asesores del IWBI.

Robusto
- Lleva a cabo un proceso de verificación por parte de entidades externas para definir las mejores estrategias y validarlas en su sistema.

Cliente
- Se centra en el cliente, por lo que utiliza recursos dinámicos, además de una plataforma intuitiva que facilita el proceso de certificación.

Resistente
- Incorpora los avances tecnológicos y sociales, actualizando los procesos para adecuarlos al momento.

Modalidades de certificación WELL

WELL es un estándar que se organiza en **diez categorías y ciento ocho conceptos,** todos ellos centrados en el cuidado de la salud de las personas.

Para conseguir la certificación mediante el uso de la metodología WELL, se deben cumplir una serie de **precondiciones (obligatorias) y optimizaciones (a elección del equipo de trabajo),** distribuidas dentro de cada uno de los conceptos o categorías.

Existen tres modalidades de certificación en las que, dependiendo de la modalidad elegida, deberemos cumplir las condiciones particulares que las diferencian entre sí.

Las versiones que podemos encontrar son:

⮕ **WELL v1:** es la primera versión de la certificación WELL. Se basa en los siguientes conceptos: Aire, Agua, Nutrición, Iluminación, Bienestar físico, Confort y Mente.

Conceptos que evalúa la versión WELL v1

Aire	Agua	Nutrición	Iluminación

Bienestar físico	Confort	Mente

⮕ **WELL v2:** esta versión es la más actual, y la que flexibiliza las condiciones de los proyectos. Está integrada por diez conceptos: Aire, Agua, Nutrición, Comunidad, Confort térmico, Iluminación, Materiales, Mente, Movimiento y Sonido.

Conceptos que evalúa la versión WELL v2

Aire	Agua	Nutrición	Iluminación	Movimiento

Confort térmico	Sonido	Materiales	Mente	Comunidad

⮕ **WELL Core:** adaptación de WELL v2 para los proyectos que quieren implementar características saludables. Está integrado por los mismos conceptos que la versión v2.

Los proyectos que buscan la certificación WELL se analizan *in situ* y de forma independiente para cada uno de los conceptos que intervienen en el nivel de certificación seleccionado. De acuerdo con la puntuación obtenida, la certificación alcanzará un **nivel diferente de certificación:** Bronce, Plata, Oro o Platino.

Distintivos de certificación WELL

| Nivel bronce | Nivel plata | Nivel oro | Nivel platino |

Podemos resumir los niveles de certificación en:

⮕ **WELL v1:**

- ◍ **Plata:** cumplimiento de la totalidad de las condiciones de su tipología.
- ◍ **Oro:** Cumplimiento de la totalidad de las condiciones de su tipología y un 40 % mínimo de las optimizaciones aplicables.
- ◍ **Platino:** Cumplimiento de la totalidad de las condiciones de su tipología y un 80 % mínimo de las optimizaciones aplicables.

⮕ **WELL v2**

- ◍ **Bronce:** Este nivel es exclusivo de los proyectos WELL Core. Deben alcanzarse un mínimo de 40 puntos.
- ◍ **Plata:** Debe alcanzarse una puntuación mínima de 50 puntos.
- ◍ **Oro:** Debe alcanzarse una puntuación mínima de 60 puntos.
- ◍ **Platino:** Debe alcanzarse una puntuación mínima de 80 puntos.

Entre los beneficios que podemos encontrar al certificar nuestro edificio con este estándar se encuentran:

Ambiente	- Mejora en el ambiente del edificio para todas las personas que residan, trabajen o interactúen con cualquier integrante del edificio.
Productividad	- Satisfacción de los empleados e incremento de su productividad.
Imagen	- Mejora de la imagen corporativa, que aumentará la confianza en la empresa y atraerá clientes comprometidos con la sostenibilidad.
Liderazgo	- Liderazgo empresarial al incorporar nuevas tecnologías y el cuidado del medio ambiente, que tiene que verse acompañado de la calidad en el trabajo.
Distinción	- Elemento diferenciador con respecto al resto de empresas que conforman la competencia en el sector.
Retorno de la inversión	- Se recupera la alta inversión inicial, mediante el ahorro que se produce en el uso habitual del edificio.

 SABÍAS QUE...

En el año 2020, IWBI desarrolló el llamado Consejo de Gobernanza, en el que tienen cabida personas de diferentes sectores con el objetivo de acelerar la transformación del sector constructivo a nivel global y controlar el proceso de desarrollo del estándar WELL.

Ejemplo simulado de la estimación de tiempo para la implantación del estándar WELL

WELL pone a disposición de las personas interesadas en implantar este estándar en sus edificaciones el estimador de la línea de tiempo, que ayuda a estimar los plazos de certificación para los proyectos de nivel v2.

Veamos un ejemplo simulado:

- **Selección del agente:** se debe seleccionar el agente que llevará a cabo el proceso de certificación.

  - **04 de abril:** se enviará la documentación preliminar. Desde la fecha en la que se presenta la solicitud transcurrirán aproximadamente 20-25 días hasta que se reciba el informe preliminar de revisión de la documentación. Debe pagarse el importe correspondiente antes de que se emita el informe.
  - **18 de abril:** fecha de presentación de las aclaraciones a la revisión de la documentación del proyecto, en el caso de que fueran necesarias.
  - **23 de mayo:** envío de informe final de revisión de la documentación presentada en la solicitud. Esta fecha es aproximada, ya que coincide con los 20 a 25 días hábiles a partir de la fecha de presentación de la solicitud.

- **Verificación del rendimiento:** si toda la documentación es correcta, se programará la verificación del rendimiento. En esta etapa se debe demostrar **la inexistencia del conflicto de intereses** entre el proyecto y el agente que evalúa las pruebas de rendimiento.
- **Solicitud de apelación:** este paso se producirá si no se aprueba la documentación correspondiente a la verificación del rendimiento. Si este paso se lleva a cabo, se ampliará el plazo de consecución de la certificación.

  - **07 de junio:** visita a la instalación para verificar el rendimiento. La fecha debe establecerse de mutuo acuerdo entre todos los agentes que intervienen en él, laboratorios, pruebas de calidad del aire, del agua, agente verificador y promotor, entre otros. Si no se cumplen los requisitos, el agente evaluador informará y establecerá una nueva fecha hasta que se cumplan las características establecidas.
  - **07 de julio:** el agente evaluador enviará los resultados para su revisión. Deberán enviarse dentro de los 20-25 días desde que se realizan las pruebas de evaluación.
  - **11 de agosto:** fecha en la que se proporcionará el informe preliminar de revisión de verificación de rendimiento al equipo del proyecto. Si fuera necesaria alguna aclaración se notificará al equipo responsable

del proyecto. Si no es necesaria ninguna aclaración, se entregará el informe final WELL.

◊ **25 de agosto:** fecha en la que se proporcionará el informe final de verificación de rendimiento. Si fuera necesaria alguna aclaración, se notificará al equipo responsable del proyecto.

◊ **02 de octubre:** transcurrido el plazo de 20 a 25 días después de haberse presentado el informe final de verificación del rendimiento, se emitirá el informe final de WELL. Se dispondrá de 180 días para aceptar el informe WELL.

Certificadores IWBI España

| Gmp Property SOCIMI S. A. | ACSOS | ITG (Instituto Tecnológico de Galicia) | Sol design + consulting |

3.9. MINERGIE

Esta certificación es un estándar para la certificación de la construcción y la eficiencia energética de los edificios. Es originaria de Suiza y fue creada por Heinz Uebersax y Ruedi Kriesi en el año 1994.

Logotipo del estándar Minergie

Los creadores del estándar se dieron cuenta de que, en Suiza, debido a las temperaturas extremas que se alcanzan en algunas épocas del año, el 30 % de la energía que se producía se destinaba al uso de agua caliente sanitaria y a la calefacción.

Es por ello por lo que esta certificación se centra en el aislamiento térmico de los edificios, tratando de dotar al edificio de una capa que asegure una pérdida energética casi nula.

SABÍAS QUE...

En algunos edificios en los que se ha aplicado este estándar se han colocado paneles aislantes de 20 centímetros de espesor.

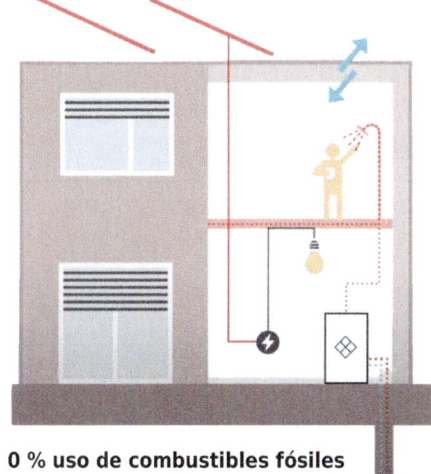

Fotovoltaico
Electricidad de
origen renovable

Control solar
Protecciones
solares móviles
(manual)

Aislación térmica
continua sin
puentes térmicos

Fomenta la
**madera como
material principal
de construcción**

Ventilación
con recuperación
de calor

Hermeticidad
al paso de aire de
los materiales

**Iluminación
y equipos
eléctricos** de
bajo consumo

Sistemas de
**calefacción,
refrigeración y
ACS eficientes**
de bajo consumo

0 % uso de combustibles fósiles

MINER**G**IE°

Ámbitos sobre los que interviene el estándar Minergie (Fuente: Minergie Traducción: autor)

Este estándar no elimina los sistemas de calefacción, sino que trata de priorizar un sistema eficiente de calentamiento del edificio tratando que el calor no se escape por la envolvente, que suele ser lo más habitual.

La entidad certificadora Minergie es una organización sin ánimo de lucro que se financia mediante las aportaciones de sus miembros, los importes que cobra por los servicios que presta y las ayudas de sus patrocinadores y Administraciones públicas del Gobierno suizo.

Página web del estándar Minergie (minergie.com)

Proceso de certificación Minergie

El proceso que debemos llevar a cabo para conseguir certificar nuestro edificio con este estándar es el siguiente:

Paso 1

- El cliente, de manera conjunta con constructores y promotores, eligen el estándar Minergie más adecuado y desarrollan el proyecto. Se presenta la solicitud en el organismo de certificación en papel o en la plataforma *online*.

Paso 2

- Minergie examina la solicitud y puede solicitar aclaraciones al cliente. Cuando se cumplan la totalidad de los requisitos, se emitirá el certificado provisional que se podrá mostrar en toda la publicidad o documentación del edificio.

Continúa en página siguiente >>

<< Viene de página anterior

Paso 3

- El edificio se encuentra en proceso de construcción. Se puede solicitar la certificación de los distintos procesos que se llevan a cabo si estos se consideran relevantes.

Paso 4

- Una vez finalizada la construcción del edificio, se deben presentar los documentos que acrediten su finalización. Esta notificación será considerada por el organismo certificador como indicador de finalización de las medidas constructivas establecidas en la certificación.

Paso 5

- Se examinan los documentos presentados y se realiza la evaluación *in situ* del proyecto. Una vez superada, se emite el certificado correspondiente con un número único de identificación.

Minergie se organiza en cuatro estándares, que se centran en un aspecto específico: nueva construcción, modernización, operación y módulos.

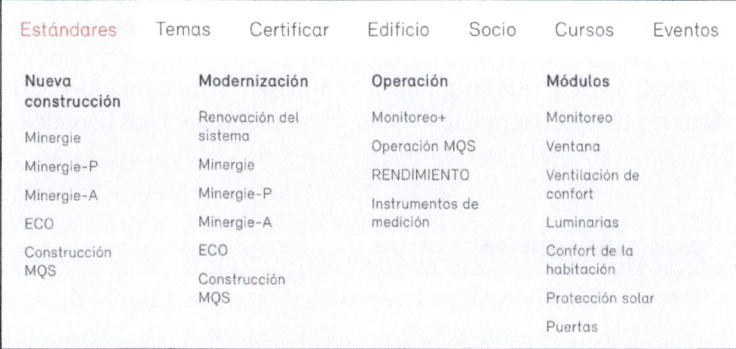

Estándares	Temas	Certificar	Edificio	Socio	Cursos	Eventos
Nueva construcción	**Modernización**	**Operación**		**Módulos**		
Minergie	Renovación del sistema	Monitoreo+		Monitoreo		
Minergie-P	Minergie	Operación MQS		Ventana		
Minergie-A	Minergie-P	RENDIMIENTO		Ventilación de confort		
ECO	Minergie-A	Instrumentos de medición		Luminarias		
Construcción MQS	ECO			Confort de la habitación		
	Construcción MQS			Protección solar		
				Puertas		

Organización de los estándares en la web minergie.ch

Es importante tener en cuenta que la asociación Minergie localiza sus oficinas centrales en Basilea (Suiza), por lo que la documentación de referencia se encuentra mayoritariamente en alemán.

Minergie se aplica en las fases de planificación, construcción y funcionamiento del edificio, por lo que evoluciona con este.

Estándares de certificación Minergie

Minergie establece tres estándares de certificación:

Minergie
- Edificios diseñados con alta eficiencia energética.

Minergie P
- Edificios diseñados con criterios de muy alta eficiencia energética, similar a Passivhaus.

Minergie A
- Edificios diseñados con los mismos criterios que Minergie P, pero que incorporan fuentes renovables de energía.

Sello ECO
- Combinación de las distintas certificaciones Minergie que incluye **la optimización medioambiental** durante toda la vida del edificio.

Además de los distintivos anteriores, también podemos encontrar MQS Bau, que es específico para constructores y promotores que quieren aumentar las exigencias de esta certificación en sus proyectos, además del sello PERFORMANCE, que se centra en el análisis del funcionamiento de edificios grandes para conseguir la máxima comodidad para sus usuarios.

 **RECUERDA**

Este estándar se centra en la comodidad mediante la intervención en la envolvente del edificio, la eficiencia mediante la renovación automática del aire y la calidad del edificio en su funcionamiento.

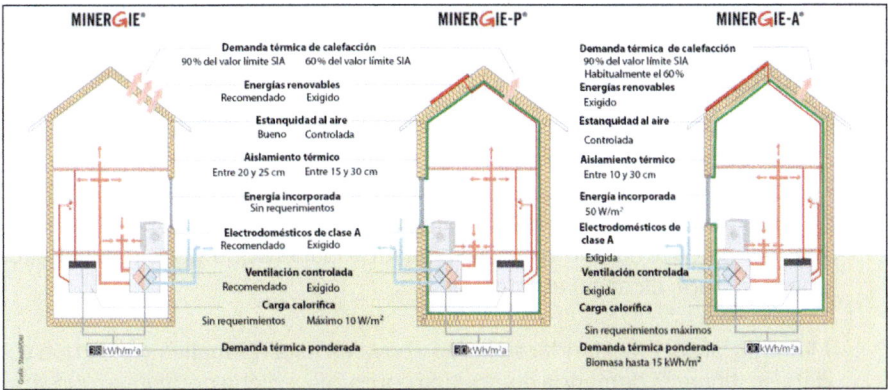

Comparativa de los distintos tipos de certificaciones Minergie (Fuente: Minergie)

Como se puede observar en la imagen anterior, se trata de conseguir un edificio de muy bajo consumo energético, para lo que se centra en los **aislamientos térmicos, la reducción y minimización de los puentes térmicos, así como el estudio de las superficies acristaladas** que permitan almacenar el calor en el interior en invierno y eviten la entrada de este en verano.

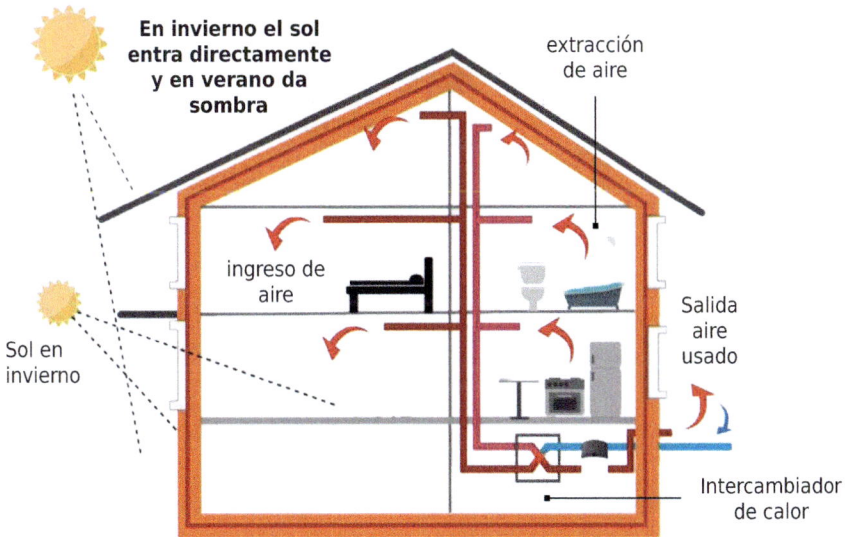

Funcionamiento de una casa pasiva (Fuente: vainsmon.es)

El estándar más restrictivo es Minergie-P, que puede compararse con el estándar alemán Passivhaus.

La justificación de los criterios se realiza a través de un cuestionario en el que se debe responder afirmativa o negativamente a las preguntas correspondientes a los 235 criterios, de manera que deben contestarse afirmativamente como mínimo las **dos terceras partes** para poder certificar el edificio. Algunos criterios tienen un peso especial, de manera que su incumplimiento puede impedir alcanzar el estándar.

Minergie, al ser un estándar suizo, se apoya en esta normativa, por lo que se debe justificar la demanda energética conforme a dicha normativa, que son la **SIA380/1 y SIA382/2.**

VÍDEO

Puedes ver un vídeo acerca de este estándar accediendo desde aquí:

https://redirectoronline.com/enac018po0213

3.10. Effinergie

Este estándar de certificación está establecido en Francia desde el año 2006. Lo creó la asociación Effinergie para unificar a todos los sectores que intervienen en el diseño y construcción de los edificios y tratar de conseguir edificios sostenibles con bajos impactos energéticos y medioambientales.

Actualmente, se encuentra centrada en la rehabilitación eficiente de los edificios que conforman el patrimonio nacional, tratando de incorporar sus exigencias en las rehabilitaciones de estos, así como en el establecimiento de un sistema de certificación para edificios del sector terciario.

*Logotipo de la asociación
francesa Effinergie*

Características

Entre las **acciones** que pretende llevar a cabo esta asociación se encuentran:

Desarrollar etiquetas
- Desarrollar distintos procedimienos de certificación enfocados en otras temáticas.

Innovación en los sectores relacionados con la construcción
- Colaboración con distintas asociaciones para el establecimiento de las buenas prácticas.

Contribución en la redacción de normativas nacionales y territoriales
- Apoyo a los organismos públicos en la redacción de normativas que contribuyan al cuidado del medioambiente y la actualización de las normativas establecidas.

Elementos de apoyo
- Trabajando con sus socios y colaboradores se diseñan las herramientas y aplicaciones que faciliten la implementación del estándar.

Tipos de certificación Effinergie

Effinergie establece dos tipos de certificación para los edificios; de nueva construcción, **Effinergie RE2020,** y **BCC Effinergie** para su rehabilitación.

65	4500	15.000.000	1.000.000
Miembros	Proyectos referenciados en el Observatorio de la BBC	M2 de terciario comprometido en una etiqueta Effinergie	Viviendas comprometidas en una etiqueta Effinergie

Datos de la asociación Effinergie actualizados al año 2023

Effinergie RE2020

Este estándar evalúa los requisitos medioambientales de los nuevos edificios residenciales, por encima de los requisitos básicos establecidos en la normativa medioambiental básica que afecta al sector de la construcción.

Se centra en los **nuevos edificios residenciales** que se ubican en Francia tanto si la dirección de la obra es pública como si es privada.

NOTA

El estándar de certificación para los edificios terciarios se encuentra en proceso de desarrollo, por lo que estará disponible en breve.

Esta etiqueta hace referencia a los estudios térmicos y medioambientales previstos en la fase de diseño, así como a las mediciones que se llevan a cabo una vez finalizados los trabajos, siendo este el momento en el que se concede la etiqueta certificadora por parte del organismo encargado de dicha certificación.

Los **requisitos** que tiene en cuenta este estándar son:

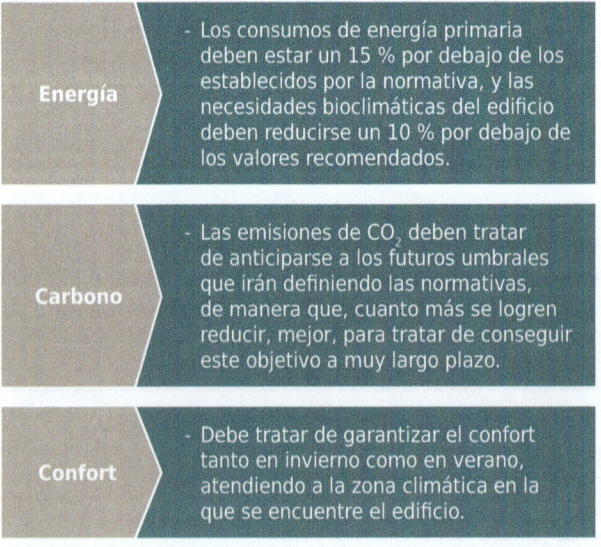

Energía
- Los consumos de energía primaria deben estar un 15 % por debajo de los establecidos por la normativa, y las necesidades bioclimáticas del edificio deben reducirse un 10 % por debajo de los valores recomendados.

Carbono
- Las emisiones de CO_2 deben tratar de anticiparse a los futuros umbrales que irán definiendo las normativas, de manera que, cuanto más se logren reducir, mejor, para tratar de conseguir este objetivo a muy largo plazo.

Confort
- Debe tratar de garantizar el confort tanto en invierno como en verano, atendiendo a la zona climática en la que se encuentre el edificio.

Los requisitos anteriores se apoyan en la **verificación *in situ* de las condiciones** establecidas en el estándar para garantizar la calidad de la certificación.

RECUERDA

La etiqueta Effinergie RE2020 valora los proyectos constructivos con un mayor nivel de exigencia que la normativa.

Entre las razones para certificar una edificación usando Effinergie RE2020 podemos destacar:

Clima y regulación
- Los propietarios interesados en que sus edificios consigan el certificado medioambiental se unen al Acuerdo de París para el cuidado del medio ambiente, adecuándolos a las exigencias del calentamiento global.

Calidad y rendimiento
- Las empresas y estudios de arquitectura deben estar cualificados para llevar a cabo estas certificaciones, a través de organismos independientes que revisan y evalúan de forma continua el proyecto, lo que garantiza la calidad de la certificación.

Financiación
- El uso de la etiqueta medioambiental ayuda en la valoración patrimonial del edificio, puesto que los gastos de funcionamiento serán menores con respecto a otros edificios que no la tienen. Además, la implementación de la certificación medioambiental dispone de ayudas y subvenciones.

Salud y comodidad
- Al hacer hincapié en el aislamiento de la envolvente del edificio, se consigue un mayor confort en invierno y verano, ya que se actúa siempre sobre la calidad del aire interior y el confort térmico de la vivienda.

Etiqueta BBC Effinergie

Esta etiqueta permite certificar los **edificios que se desean rehabilitar** para conseguir que cumplan con los aspectos sociales y medioambientales, que les aporte el beneficio de ser medioambientalmente sostenibles.

Como el resto de las etiquetas, con BBC Effinergie debe verificarse el cumplimiento de las condiciones establecidas por parte de un organismo independiente.

Entre las razones por las que se recomienda la certificación Effinergie BCC en la rehabilitación de edificios se encuentran:

Clima y regulación
- Para 2050, el Estado ha establecido el objetivo de disponer de un parque de edificios iguales a los que obtienen la certificación BBC Effinergie. Esta certificación permite anticiparse al calendario establecido para la reducción de los niveles de CO_2.

Calidad y rendimiento
- Las empresas certificadoras llevan a cabo evaluaciones y verificaciones tanto a lo largo del proceso de rehabilitación como al finalizar esta, debiendo realizarse las mediciones por empresas externas especializadas.

Financiación
- Esta certificación permite, además de aumentar su valor patrimonial, reducir los consumos energéticos, lo que redundará en una disminución de las facturas energéticas. Esta etiqueta dispone de ayudas y subvenciones para aquellos propietarios que quieran implementarla en sus edificios.

Salud y comodidad
- La intervención sobre la envolvente asegura el funcionamiento correcto de los sistemas de ventilación, de forma que, al actuar sobre la calidad del aire, se mejora directamente la salud y el bienestar de los ocupantes.

NOTA

Incorporar la etiqueta BBC Effinergie en la rehabilitación de un edificio puede ayudar en la reducción de las emisiones de CO_2 a la cuarta parte y el consumo energético en un 75 %.

Etiqueta Effinergie Patrimoine

Esta propuesta está en fase de desarrollo y se centra en la rehabilitación de los edificios que conforman el patrimonio de la Administración pública, para tratar de combinar el **interés arquitectónico y el cuidado del medio ambiente.**

Entre las razones para el empleo de la etiqueta Effinergie Patrimoine podemos destacar:

Cambio climático
- La Estrategia Nacional de Bajas Emisiones de Carbón (The National Low-Carbon Strategy, SNBC) pretende que, para el año 2050, los edificios con certificación energética sean los mismos que los que disponen de la etiqueta BBC Effinergie.

Calidad y rendimiento
- Los proyectos son analizados por personal experto en eficiencia energética y en el cuidado del patrimonio, lo que permite tener en cuenta las características históricas de cada edificio que se va a certificar energéticamente.

Mejora patrimonial y territorial
- El certificado permite preservar el patrimonio, además de poner en valor los edificios históricos. La rehabilitación es una forma de mantener y darles nuevos usos a los edificios.

Salud y comodidad
- Mejorando los sistemas de ventilación, gracias a la intervención sobre la envolvente, se asegura el confort térmico de las personas que ocupan la edificación. Gracias a la mejora en la calidad de aire, los distintos elementos que se encuentren en su interior también se beneficiarán de estas mejoras.

NOTA

La rehabilitación Effinergie Patrimoine actúa también sobre el confort acústico y visual una vez que se han finalizado las obras de rehabilitación del edificio.

Requisitos para solicitar la etiqueta Effinergie Patrimoine

Actualmente, ya no es posible gestionar esta etiqueta por parte de un organismo certificador, debiendo gestionarla a través de la **commission Effinergie Patrimoine.**

Se deben cumplir los siguientes **requisitos** para solicitar la etiqueta Effinergie Patrimoine:

1. Solicitar a la commission Effinergie Patrimoine la verificación del edificio como elemento acogido a este modelo de certificación.
2. Se constituye un dosier en el que se evalúan los aspectos energéticos y arquitectónicos. Debe incorporar:

   ◡ Análisis técnico y arquitectónico del estado de conservación del edificio.
   ◡ Notas técnicas referidas al confort acústico y ambiental.
   ◡ Estudio que muestre la consecución de los niveles indicados por la normativa certificadora una vez llevada a cabo la rehabilitación del edificio.

3. Se lleva a cabo el estudio de la documentación presentada, tras el cual se emitirá un dictamen (positivo o negativo) de la consecución de la etiqueta. En este paso se pueden pedir documentos complementarios que aseguren la consecución de los objetivos. Tras la valoración positiva y la realización de los controles y medidas, se procede a la emisión de la etiqueta certificadora.

Para tratar de garantizar la calidad y el cumplimiento de las condiciones establecidas en cada uno de los modelos de certificación, se debe realizar la gestión a través de un organismo certificador, que efectuará controles y verificaciones que aseguren el cumplimiento de los requisitos establecidos en cada modelo.

*Etiqueta certificadora de un edificio de
nueva construcción*

Actualmente, este estándar únicamente permite la **certificación de vivien-das residenciales,** aunque están trabajando en el desarrollo de una certifi-cación para los edificios del sector terciario.

Página web de la asociación Effinergie (effinergie.org)

Para ayudar a los profesionales del sector, actuales y futuros, la asociación imparte formación enfocada en los distintos sectores de actividad que inter-vienen en el proyecto constructivo o rehabilitador del edificio, sin olvidarse de los fabricantes de materiales a los que les realiza recomendaciones para tratar de conseguir productos más sostenibles.

 **PARA SABER MÁS**

En el caso de que desees consultar información acerca de esta certificación, debes tener en cuenta que, puesto que su área de actuación es el territorio francés, toda la documentación se encuentra publicada en este idioma.

Continúa en página siguiente >>

<< Viene de página anterior

Si quieres acceder a la biblioteca documental de la asociación Effinergie, puedes hacerlo desde aquí:

https://redirectoronline.com/enac018po0215

---

4. Passive House - Passivhaus

👉 HILO CONDUCTOR

Cristiana y Marian se han dado cuenta de que enfrente de su oficina ha comenzado el movimiento de tierras para una nueva construcción. Ambas comentan que sería una pena que no incorporasen sistemas de eficiencia energética, pero, mientras estaban realizando este comentario, han visto como un operario ha colocado en el vallado una tela con el logotipo de Passivhaus. Ha sido entonces cuando ambas han decidido investigar acerca de este tipo de certificación, de la que se han dado cuenta de que es más restrictiva que las que han visto hasta ahora.

El estándar Passive House o Passivhaus se convirtió en una revolución en el sector de la construcción, puesto que trata de construir edificios con un consumo de energía nulo o casi nulo, y que no disminuya el confort de las personas que los habitan.

Logotipo del Instituto
Passive House

Passivhaus nació en el año 1988 a raíz de una reunión entre el profesor de la Lund University de Suecia, Bo Adamson, y Wolfgang Feist, del Institut für Wohnen und Umwelt, del Instituto de Vivienda y Medio Ambiente de Alemania.

Bo Adamson (izquierda) y Wolfgang Feist (derecha), autores del concepto Passivhaus (Fuente: framtidensbygg)

En septiembre del año 1996, Wolfgang Feist creó en **Darmstadt el Passivhaus Institute** para promocionar y normalizar el estándar.

 VÍDEO

Si quieres ver un vídeo de Arquitectura para Todos, donde explican qué es una casa pasiva y los sobrecostes que lleva aparejados, puede hacerlo accediendo desde aquí:

https://redirectoronline.com/enac018po0216

4.1. Características de una construcción pasiva

Las principales características que deben cuidarse si se desea conseguir una **construcción pasiva** pueden ser básicas o especiales.

Características básicas	Características especiales
- Aislamiento térmico - Puertas y ventanas - Ausencia de puentes térmicos - Reducción de las pérdidas de calor - Ventilación eficiente	- Protección contra el sol - Energía renovable

Características básicas

A continuación vamos a describir en qué consisten las características básicas.

Aislamiento térmico

Se trata de optimizar la envolvente térmica aplicando un buen aislamiento, que permitirá tanto en invierno como en verano reducir el uso de los sistemas de calefacción y refrigeración. Se deben tratar de reducir al máximo las posibles fugas tanto por puertas y ventanas como por el suelo y techo, debiendo adecuar los materiales al clima en el que se ubica el edificio.

El aislamiento térmico consiste en aplicar diferentes capas sobre la fachada del edificio para conseguir la reducción del uso de los equipos de calefacción y refrigeración.

Puertas y ventanas

Uno de los elementos que más se debe cuidar son los huecos en carpinterías y vidrios, puesto que un error en su colocación repercutirá en un correcto aislamiento. Este aspecto suele ser uno de los que más encarece la construcción.

Las fugas de calor a través de las puertas y ventanas suelen ser habituales, por lo que se deben seleccionar los materiales constructivos adecuadamente.

Ausencia de puentes térmicos

La transmisión de la energía se lleva a cabo por toda la envolvente sin perder de vista juntas y esquinas, por lo que se debe analizar la envolvente para garantizar la eliminación de los puentes térmicos que permitan la fuga de energía.

Se debe tratar de conseguir que la envolvente sea lo más hermética posible cuidando sobre todo el acabado de las juntas.

Se debe poner mucho cuidado en la unión de distintos materiales para asegurar el hermetismo de la envolvente y el elemento incorporado.

Reducción de las pérdidas de calor

La mayoría de las casas tienen fugas de aire, sobre todo en puertas y ventanas, por lo que deben evitarse para impedir estas filtraciones.

Las casas pasivas llevan a cabo una prueba de impermeabilidad del aire que trata de asegurar que no hay fugas.

 **NOTA**

Las pérdidas de calor en una vivienda se producen sobre todo a través de puertas y ventanas que no están correctamente selladas.

Ventilación eficiente

Las casas pasivas requieren de la instalación de ventilación mecánica para recuperar el calor de la temperatura del aire. Mediante el filtrado del aire se expulsa el aire viciado al exterior y se permite la entrada de aire limpio. Debemos asegurar que la cantidad de aire que entra sea la misma que la que sale, de forma que el aire sea limpio y fresco.

 **PARA SABER MÁS**

Te recomendamos consultar la infografía en la que se explica cómo funciona un sistema de ventilación eficiente en un edificio, accediendo desde aquí:

https://redirectoronline.com/enac018po0219

Características especiales

Dentro de estas podemos diferenciar las que se muestran a continuación.

Protección contra el sol

Dependiendo de la situación del edificio, se analizan las protecciones solares que son más adecuadas, ya sean fijas o móviles, como persianas, estores, porches, toldos, etc.

Los elementos de protección contra el sol deben garantizar la entrada de sol en invierno y proteger de este en verano.

Energía renovable

Las energías consumidas por la edificación deben provenir de fuentes de energías renovables para optimizar consumos y tratar de conseguir un consumo nulo o muy próximo a ello.

Las viviendas incorporan sistemas de producción de energía renovable aprovechando tejados, además de utilizar energías renovables cuando las propias no pueden proporcionarles la energía demandada.

4.2. Tipos de certificados del Passive House Institute

El organismo encargado de emitir los certificados Passive House es el PHI (Passive House Institute) y emite tres tipos diferentes de certificados:

1. Certificado de casa pasiva

- Este certificado es el más conocido, y el más exigente de todos. Está destinado a viviendas y edificios tanto de nueva construcción como sobre los que se van a llevar a cabo labores de rehabilitación. Este certificado clasifica las viviendas y edificios en Premium, Plus y Classic, dependiendo del número de criterios que cumplen del listado de Passivhaus.

Continúa en página siguiente >>

<< *Viene de página anterior*

2. Certificado EnerPHit

- Este certificado es el que suelen obtener aquellos edificios y viviendas que quieren certificarse en el estándar Passive House, pero que no alcanzan a cumplir los requerimientos que se exigen. Este certificado tiene criterios menos exigentes y, al igual que las casas pasivas, establece una clasificación Premium, Plus y Classic, dependiendo de la energía generada por el edificio usando energías renovables.

3. Certificado Low Energy Building

- Este es el certificado que menos nivel de exigencia tiene y se concede a las viviendas o edificios con baja demanda de energía. Este certificado tiene unos requisitos menos exigentes que el certificado EnerPHit.

Cada tipo de certificación tiene tres niveles, que establecen tres categorías de acuerdo con la demanda y la producción de energía:

Passivhaus Classic
- La demanda de energía primaria renovable será como máximo de 60 kWh/m²a.

MPassivhaus Plus
- La demanda de energía primaria renovable será inferior a 45 kWh/m²a.
- La generación de energía renovable alcanzará, al menos, los 60 kWh/m².

Passivhaus Premium
- La demanda de energía primaria renovable será inferior a 30 kWh/m²a.
- La generación de energía renovable alcanzará, al menos, los 120 kWh/m².

4.3. Sello de rehabilitación energética

En el caso de que la edificación ya estuviese construida, el Passive House Institute dispone del sello EnerPHit, que también tiene tres categorías y cuyos requisitos son más permisivos que los establecidos para los edificios de nueva construcción, ya que tiene en cuenta las limitaciones que existen en una edificación construida y sobre la que se llevará a cabo un proceso de rehabilitación.

Categorías de certificación Passive House y EnerPHit

Los pasos que se deben seguir para llevar a cabo un proceso de rehabilitación de un edificio mediante el uso de EnerPHit son:

1. **Realizar una auditoría energética del edificio:** estudio de las medidas de actuación previas a la rehabilitación.
2. **Actuaciones sobre los elementos pasivos, como la envolvente:** analizar las actuaciones sobre fachadas, cubiertas y cualquier otro elemento en contacto con el exterior, huecos, ventanas y puertas.
3. **Análisis de los sistemas y las instalaciones eficientes:** análisis de las mejoras sobre los sistemas, instalaciones y elementos activos del edificio para mejorar su eficacia y rendimiento.
4. **Incorporación de sistemas de energías renovables:** análisis y sustitución de los sistemas de energía no renovable para modificarlos por sistemas de energía renovable.
5. **Estudio del plazo de recuperación:** desarrollo del análisis estático en el que se recojan los plazos de amortización de la inversión de las medidas incorporadas.
6. **Estudio del análisis dinámico del plazo de recuperación:** desarrollo del análisis dinámico en el que se recojan los plazos de remodelación de la instalación y modificación de los cambios llevados a cabo en la edificación o rehabilitación.

7. **Toma de decisión:** actuaciones que se deben llevar a cabo teniendo en cuenta los costes, plazos y garantías. Es la base para llevar a cabo posteriormente el proyecto de ejecución.

8. **Redacción del proyecto:** redacción de proyecto atendiendo a las medidas seleccionadas, teniendo en cuenta los plazos, el coste y las garantías de este.

9. **Desarrollo de las obras:** ejecución de las obras de rehabilitación de acuerdo con el proyecto por parte de una empresa especialista en rehabilitación energética.

10. **Confirmación de la mejora energética:** evaluación de la mejora energética y obtención del certificado energético una vez finalizada la obra.

 VÍDEO

Puedes ver un vídeo en el que se explica qué es y cómo funciona una casa pasiva, accediendo desde aquí:

REVISAR

https://redirectoronline.com/enac018po0217

Hay que tener en cuenta que la certificación EnerPHit tiene una variante EnerPHit+i, cuya diferencia con la primera es que el aislamiento se coloca por la parte interior de la envolvente, es decir, por dentro de la edificación y se supera el 25 % de la superficie de la envolvente.

 SABÍAS QUE...

Puedes acceder a todos los criterios de certificación en el documento del Passive House Institute denominado "Criterios para los Estándares Casa Pasiva, EnerPHit y PHI Edificio de baja demanda energética".

APLICACIÓN PRÁCTICA

Un cliente de Nicolás quiere certificar el edificio que acaba de comprar, pero tiene el problema de que no es nuevo, sino que debe rehabilitarlo porque se construyó hace treinta años.

¿Puedes indicarle qué puede llevar a cabo en su edificio?

Solución

La certificación EnerPHit es la que está destinada a viviendas construidas y que no pueden certificarse como Passivhaus.

---

5. Resumen

La certificación LEED (Leadership in Energy & Environmental Design) es un sistema de certificación de edificios que se desarrolló en el año 1993 y que premia el uso de estrategias sostenibles en las distintas etapas por las que pasa una edificación, construcción, rehabilitación y demolición.

Esta certificación establece la siguiente calificación:

Certificaciones y puntuación correspondiente a cada una

Certificado	**Plata**	**Oro**	**Platino**
40-49 puntos	50-59 puntos	60-79 puntos	+80 puntos

Para conseguir la certificación ambiental LEED, se deben respetar las condiciones establecidas por el U. S. Green Building Council, que en España lleva a cabo su filial SpainGBC.

El sistema de clasificación LEED se organiza en cinco categorías:

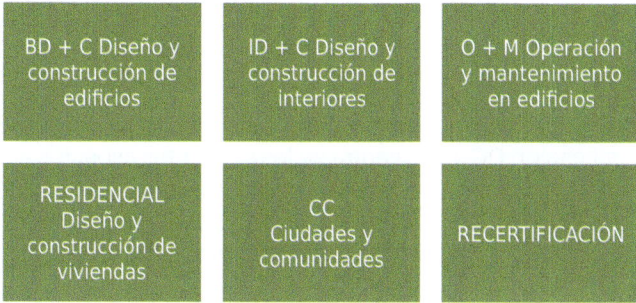

El sistema de certificación BREEAM evalúa los impactos que tienen los edificios en su entorno agrupados en diez categorías.

El sistema CASBEE se centra en la reducción del uso de recursos naturales y en la mejora de la calidad de las personas usando un sistema de clasificación basado en cinco niveles: S, A, B+, B- y C.

Grado	Clasificación	Valores BEE	Indicador
S	Excelente	Más de 3.0	★★★★★
A	Muy Bueno	Entre 1,5 y 3.,0	★★★★
B	Bueno	Entre 1,0 y 1,5	★★★
B	Bastante Pobre	Entre 0,5 y 1,0	★★
C	Pobre	Menor de 0,5	★

La certificación DGNB se centra en los siguientes aspectos ambientales:

Ecología	Consumo de agua potable.
	Emisión de elementos tóxicos y riesgos sobre el entorno.
Economía	Limpieza y mantenimiento de los materiales usados en la construcción.
	Comportamiento ante las reparaciones posteriores.
Procesos	Planificación y proyecto.
	Ejecución de la obra.
Emplazamiento	Elementos medioambientales positivos.
	Redes de transporte públicos, entornos, etc.
Aspectos socioculturales y funcionales	Tiempo libre y descanso de los habitantes.
	Bienestar y confort de las personas.

El iiSBE trabaja actualmente en una herramienta de evaluación de daños en zonas de guerra o desastres naturales, basado en una hoja de cálculo lo que facilita su uso.

La certificación HQE se basa en los siguientes objetivos:

Ecoconstrucción	Ecogestión
- Relación de los edificios con su entorno - Elección de los procesos y productos de construcción - Baja contaminación	- Gestión de la energía - Gestión del agua - Gestión de los residuos - Conservación y mantenimiento

Confort	Salud
- Control acústico - Control hidrotérmico - Control olfativo - Control visual	- Condiciones de salud - Calidad del aire - Calidad del agua

Los pasos que se deben seguir para utilizar la herramienta de cálculo y evaluación (CAT) de la Comisión Europea son los siguientes:

1. Creación de la cuenta CAT
2. Identificar las necesidades de la evaluación
3. Identificación y datos del proyecto
4. Visualización y comparación de los resultados

El sistema EDGE (Excellence in Design for Greater Efficiencies) es un proyecto de la Corporación Financiera Internacional (IFC), miembro del Grupo del Banco Mundial, que trata de ofrecer una solución capaz de medir la relevancia que adquiere la ecología en el ámbito de la construcción para tratar de desbloquear la inversión financiera.

La certificación EDGE nos ofrece tres niveles de certificación, dependiendo de la cantidad de ahorro de energía a la que aspira el edificio, siendo el nivel más bajo el ahorro de un 20 % en la cantidad de agua necesaria para su funcionamiento.

El estándar WELLTM se basa en los siguientes principios:

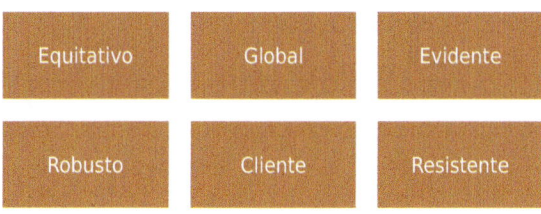

Equitativo	Global	Evidente
Robusto	Cliente	Resistente

WELL es un estándar que se organiza en **diez categorías y ciento ocho conceptos,** todos ellos centrados en el cuidado de la salud de las personas.

Minergie es una certificación que se desarrolla en Suiza y que se centra en el aislamiento térmico de los edificios, tratando de dotar al edificio de una capa que asegure una pérdida energética casi nula.

Minergie establece tres estándares de certificación:

El estándar de certificación Effinergie está establecido en Francia desde el año 2006 y su misión es unificar a todos los sectores que intervienen en el diseño y construcción de los edificios para conseguir edificios sostenibles con bajo impacto medioambiental.

Effinergie establece dos tipos de certificación para los edificios; Effinergie RE2020 para los de nueva construcción y BCC Effinergie para su rehabilitación. Si se quiere certificar el patrimonio se deberá utilizar la etiqueta Effinergie Patrimoine.

El estándar Passive House o Passivhaus trata de conseguir edificios que no necesiten un consumo energético o que este sea muy bajo. Toda construcción pasiva debe tener en cuenta las siguientes características:

Características básicas	Características especiales
- Aislamiento térmico - Puertas y ventanas - Ausencia de puentes térmicos - Reducción de las pérdidas de calor - Ventilación eficiente	- Protección contra el sol - Energía renovable

Ejercicios de autoevaluación
Unidad de Aprendizaje 2

1. La primera certificación del sistema LEED se llevó a cabo en el año...

    a. ... 1990.
    b. ... 1996.
    c. ... 1998.
    d. ... 2000.

2. La certificación LEED es:

    a. Una certificación gratuita
    b. Una certificación exclusiva para edificios públicos
    c. Una certificación obligatoria
    d. Una certificación voluntaria

3. Un edificio que haya obtenido una valoración final de 65 puntos en el sistema LEED obtendrá la insignia...

    a. ... Certificado.
    b. ... Oro.
    c. ... Plata.
    d. ... Platino.

4. Dentro del proceso de certificación del sistema LEED se encuentra la etapa...

    a. ... registro.
    b. ... documentación.
    c. ... revisión.
    d. Todas las opciones son correctas.

5. La versión de la certificación LEED que se lanzó en el año 2019 fue la...

    a. ... 2019.
    b. ... 3.8.
    c. ... 4.1.
    d. ... 4.4.

6. La credencial LEED básica para profesionales se corresponde con...

    a. ... LEED GREEN Associate.
    b. ... LEED GREEN Basic.
    c. ... LEED GREEN Pro.
    d. ... LEED GREEN Professional.

7. La certificación que inicialmente se desarrolló por el Gobierno británico fue...

    a. ... BREEAM.
    b. ... EUROPECERT.
    c. ... LEED.
    d. ... Level(s).

8. ¿Cuál de las siguientes opciones NO se corresponde con un nivel de certificación CASBEE?

    a. A+
    b. B-
    c. B+
    d. C

9. Indica, de las siguientes, cuál es una de las características del iiSBE:

    a. Es un programa de ayuda que no permite emitir certificados.
    b. Es una organización sin ánimo de lucro.
    c. Integra todos los sistemas de certificación en una única aplicación.
    d. Solo se pude usar para certificar edificios escolares y hospitalarios.

10. El sistema HQE se centra en...

    a. ... el análisis del ciclo de vida de los edificios.
    b. ... el uso al que se destine el edificio.
    c. ... la calidad del aire del entorno.
    d. ... la gestión de los residuos.

Sistemas nacionales de certificación ambiental de edificios

Contenido

1. Introducción
2. La certificación BREEAM® ES: sistema de evaluación, requisitos y proceso de certificación
3. Certificación nacional de eficiencia energética en los edificios
4. Otros sistemas de certificación a nivel nacional: VERDE, Guías ihobe, Sello CENER, etc.
5. Resumen

Objetivos

El objetivo general de esta Unidad de Aprendizaje es:

→ Definir los distintos sistemas nacionales que permiten la certificación ambiental de los edificios.

Los objetivos específicos de esta Unidad de Aprendizaje son:

→ Analizar las características de la BREEAM® ES, su sistema de evaluación, requisitos necesarios y el proceso de certificación.

→ Diferenciar otros sistemas de certificación a nivel nacional: VERDE, Guías ihobe, etc.

→ Determinar el proceso correcto de evaluación BREEAM® ES.

→ Definir la certificación que se debe implementar en la rehabilitación de una vivienda.

→ Identificar el tipo de dato que se recoge en un certificado de eficiencia energética.

→ Conocer el proceso que debe seguirse para llevar a cabo la certificación energética de un edificio.

→ Analizar diferentes programas y aplicaciones para llevar a cabo la certificación de los edificios.

1. Introducción

La mayoría de las entidades certificadoras tienen diferentes sedes repartidas por toda la geografía mundial, para facilitar que sus modelos de certificación puedan ser aplicados a cualquier edificio en cualquier país.

El establecimiento de estas sedes en los diferentes países obliga a adecuar las exigencias de las certificaciones a las normativas medioambientales y constructivas que se encuentren vigentes en estos.

Cristiana y Marian han estudiado sistemas de certificación internacionales, pero se han dado cuenta de que algunas de las certificaciones tienen estrictas condiciones que son difícilmente alcanzables por los proyectos con los que trabajan, por lo que analizarán otras opciones de certificación de edificios, tanto nuevos como rehabilitados, que son menos estrictas y que les permiten obtener la certificación medioambiental de los proyectos de sus clientes.

2. La certificación BREEAM® ES: sistema de evaluación, requisitos y proceso de certificación

☞ HILO CONDUCTOR

Al estudio de arquitectura en el que trabajan Marian y Cristiana acaba de llegar un cliente que quiere certificar su edificación mediante el modelo BREEAM®. Antes de comenzar a desarrollar el proyecto se han puesto en contacto con la entidad responsable de este tipo de certificación en España y les ha indicado que deben contactar con un asesor certificador, que es el que verificará y evaluará durante todo el proyecto los aspectos que deben tenerse en cuenta para que el resultado sea favorable.

La mayoría de las certificaciones internacionales tienen su reflejo en distintos países, de ahí que se estudie esta certificación a nivel nacional.

La entidad responsable de la certificación BREEAM® en España es la **Fundación Instituto Tecnológico de Galicia (ITG),** que es una entidad privada sin ánimo de lucro reconocida por BRE Global LTD para adecuar dicha certificación a nuestro idioma, a la normativa y a las prácticas constructivas que se llevan a cabo en nuestro país.

Para ello se contó con la participación de más de doscientos profesionales de los diferentes sectores implicados en el proceso constructivo. Se mantiene actualizado gracias a los grupos de trabajo y al órgano consultivo que se reúnen regularmente para adecuar la certificación a los cambios normativos o de procedimientos que intervienen en las obras de construcción, rehabilitación o reforma de los edificios.

SABÍAS QUE...

BREEAM® España celebró en el año 2020 su décimo aniversario en España tras superar los mil proyectos evaluados.

La estructura de BREEAM® en España está compuesta por:

- **Consejo Asesor:** es el órgano consultivo encargado de trazar la estrategia de desarrollo del certificado y representa a todas las partes implicadas en el proceso de certificación (constructores, promotores, proyectistas, Administraciones públicas y privadas, entidades financieras, etc.).
- **Comité de Certificación:** es el órgano encargado de vigilar el proceso de certificación de los asesores BREEAM conforme a la normativa UNE-EN ISO/IEC 17024, de forma que se garantice el rigor y la transparencia de todo el proceso certificador. Está formado por dos representantes del organismo certificador, dos representantes de los asesores, dos organizaciones autorizadas con asesores BREEAM a su cargo, dos representantes de los clientes del certificado, y se encarga de analizar todos los aspectos relativos a los exámenes de certificación y las licencias.
- **Asesores:** encargados de garantizar el rigor e independencia del proceso de certificación. No guardan relación con sus clientes y son los únicos que pueden llevar a cabo procesos de consultoría y auditoría del proyecto. Son reconocidos tras superar un curso de formación, un examen y pagar una licencia anual.

Buscador de asesores en la web de breeam.es

BREEAM® pone a disposición del público en general un **listado de edificios certificados y los que se encuentran en proyecto,** así como un **buscador de asesores reconocidos** que tienen la capacidad de evaluar la sostenibilidad de los proyectos urbanísticos e inmuebles de acuerdo con la metodología propia de la certificación.

Hay que recordar que este **modelo de certificación es voluntario** y que evalúa los **impactos constructivos** organizados en diez categorías:

Categorías que analiza la certificación BREEAM®

 **VÍDEO**

Podrás ver una presentación sobre las personas que pueden acceder a la formación para acreditarse como asesor BREEAM®, accediendo desde aquí:

https://redirectoronline.com/enac018po0319

Este modelo de certificación divide los criterios de certificación dependiendo del **tipo y el uso** al que se destine el edificio, pudiendo encontrar actualmente cinco categorías, que describiremos a continuación.

2.1. BREEAM® ES Urbanismo

Esta categoría pretende mejorar la sostenibilidad de los proyectos urbanísticos en un **entorno cercano,** como puede ser el barrio o la ciudad en la que se encuentra el edificio.

Además de concienciar a todas las personas que intervienen en las distintas etapas del proyecto constructivo del edificio, también está enfocado en establecer criterios y estándares superiores a los que exigen las distintas normas.

Icono correspondiente a BREEAM® ES Urbanismo

Se organiza en seis categorías para evaluar y certificar cada uno de los proyectos de urbanización que, a su vez, se dividen en distintos requisitos:

➲ **GO - Gobernanza:** promueve la participación de las personas del entorno en la toma de decisiones que afectan al diseño, construcción, funcionamiento y gestión de la edificación.
➲ **SE - Bienestar social y económico:** beneficia que sean tenidos en cuenta los factores (sociales y económicos) que afectan a la salud y el bienestar. Dentro de esta subcategoría encontramos:

  ◑ El diseño inclusivo
  ◑ La disponibilidad de viviendas accesibles
  ◑ El empleo de las personas del entorno
  ◑ Etc.

➲ **RE - Recursos y energía:** diseño de medidas que aseguren un uso eficiente de los recursos naturales de manera que se reduzcan las emisiones de CO_2.
➲ **USE - Uso del suelo y ecología:** dentro de esta categoría se fomenta el uso sostenible del suelo y la mejora ecológica del emplazamiento.
➲ **TM - Transporte y movilidad:** disponibilidad de las infraestructuras de transporte para favorecer el uso de medios sostenibles y la mejora de la movilidad de las personas.
➲ **IN - Innovación:** promover soluciones innovadoras en aquellos elementos donde se puede generar un beneficio social, medioambiental o económico específico que no haya sido posible aplicar en cualquiera de los elementos anteriores.

 PARA SABER MÁS

Puedes consultar los requisitos que conforman cada una de las distintas categorías en el Manual Técnico BREEAM® ES Urbanismo, accediendo desde aquí:

https://redirectoronline.com/enac018po0302

ACTIVIDAD COMPLEMENTARIA

5. Identifica los pasos que se deben seguir para llevar a cabo una certificación BREEAM® ES Urbanismo.

   Puedes apoyarte en el Manual Técnico BREEAM® ES Urbanismo.

2.2. BREEAM® ES Vivienda

Sistema de evaluación y certificación específico para bloques de viviendas o unifamiliares.

Este sistema es aplicable tanto a las **nuevas edificaciones** como **rehabilitaciones** en las fases de proyecto, construcción o posconstrucción.

PARA SABER MÁS

Si quieres consultar el Manual BREEAM® ES Vivienda puedes hacerlo accediendo desde aquí:

https://redirectoronline.com/enac018po0303

Este esquema se organiza en **diez categorías** que contienen distintos requisitos que cumplir y que puedes encontrar en el Manual BREEAM® ES Vivienda. Las describimos a continuación:

◗ **Gestión:** evalúa las prácticas que se han llevado a cabo durante la construcción del edificio tratando que los impactos sean los mínimos posibles. Dentro de este grupo se encuentran los manuales de funcionamiento, procedimientos constructivos y de selección de materiales.

Si quieres consultar el Manual general para el uso, mantenimiento y conservación de edificios destinados a viviendas de la Junta de Andalucía, puedes hacerlo accediendo desde aquí:

https://redirectoronline.com/enac018po0321

- **Salud y bienestar:** esta categoría trabaja sobre el confort de los usuarios teniendo en cuenta los diferentes aspectos que afectan a los usuarios. Dentro de esta categoría se encuentran la iluminación tanto natural como artificial, el confort térmico, la calidad del aire, la calidad acústica y el acceso al edifico, entre otras.
- **Energía:** refuerzo de los edificios cuyas emisiones de CO_2 son reducidas debido al correcto diseño de las instalaciones. La monitorización de las instalaciones eléctricas y térmicas ayuda a controlar las emisiones de CO_2, además de evaluar si las instalaciones se han diseñado correctamente.
- **Transporte:** medios de transporte comunitarios, alternativas ecológicas, servicios de proximidad, etc. Se localizan en esta categoría todos aquellos aspectos que mejoren el desplazamiento de las personas, que no utilicen el vehículo privado y que promocionen estilos de vida más saludables.
- **Agua:** reducción del consumo de agua en los diferentes usos del edificio. Reciclaje del agua, monitorización de los consumos y de las instalaciones.
- **Materiales:** empleo de materiales con un impacto medioambiental bajo, apoyando la reutilización de materiales y llevando a cabo un aprovisionamiento adecuado a las necesidades del proyecto.
- **Residuos:** reciclaje de los residuos, gestión de las basuras, separación y clasificación del tipo de residuo. Debemos tener en cuenta que en esta categoría se debe tener en cuenta la gestión de los residuos que se producen en la construcción del edificio y los relacionados con el funcionamiento propio del edificio.
- **Uso del suelo y ecología:** mejora del valor ecológico del entorno, antes, durante y después de las obras de construcción. Reutilización de suelos urbanizados, así como protección de los elementos con valor ecológico, generación, rehabilitación o recuperación de hábitats.

- **Contaminación:** reducción de la contaminación provocada por el edificio debido a los gases de efecto invernadero que producen las instalaciones de calefacción o refrigeración.
- **Innovación:** reconocimiento de todas aquellas mejoras que inicialmente no se encontraban contempladas en el proyecto y que se han incorporado a este como elemento de mejora, como por ejemplo el uso de fibras de origen vegetal, bioplásticos o materiales autorreparables debido a la presencia de bacterias en su composición.

PARA SABER MÁS

Puedes consultar un artículo dónde se analizan las emisiones de CO_2 en edificios y en el sector de la construcción y se proponen algunas soluciones, accediendo desde aquí:

Las emisiones mundiales de CO_2 en edificios y la construcción baten un nuevo récord anual:

https://redirectoronline.com/enac018po0322

También te recomendamos que leas una publicación, en la que podrás descubrir distintos materiales que se están comenzando a incorporar en las construcciones sostenibles y que son innovadores en su utilización, puedes hacerlo accediendo desde aquí:

https://redirectoronline.com/enac018po0323

2.3. BREEAM® ES Nueva Construcción

Este esquema se aplica a los edificios de nueva construcción que no son residenciales, ampliaciones, rehabilitaciones en cualquiera de las etapas por las que pasa una construcción, proyecto, diseño, edificación o rehabilitación.

Dentro de este grupo no se encuentran aquellas construcciones que llevan funcionando más de dos años, puesto que en ese caso se debe utilizar el esquema BREEAM® ES En Uso.

Este esquema analiza la sostenibilidad de la edificación de acuerdo con diez categorías que se desglosan en diferentes requisitos que se pueden consultar en el Manual Técnico BREEAM® ES Nueva Construcción.

Las categorías que evalúa este esquema son las mismas que las del esquema BREEAM® ES Vivienda.

Icono correspondiente a BREEAM® ES Nueva Construcción

PARA SABER MÁS

Puedes consultar el Manual Técnico BREEAM® ES Nueva Construcción, accediendo desde aquí:

https://redirectoronline.com/enac018po0304

2.4. BREEAM® ES A Medida

Este esquema está destinado a la evaluación de edificios que, por sus características constructivas, no se incluyen dentro de los esquemas BREEAM® ES Vivienda y BREEAM® ES Nueva Construcción.

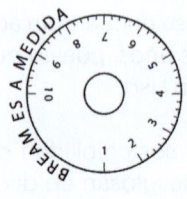

Icono correspondiente a BREEAM® ES A Medida

 **EJEMPLO**

Dentro de este esquema se encuentra el pabellón multiusos Fernando Buesa Arena en Vitoria, con capacidad para 15.000 personas y que fue el primer edificio que se evaluó en España usando BREEAM® ES A Medida.

El proceso de evaluación genera el manual técnico y la herramienta de cálculo específica para cada proyecto o edificio.

Así como en el resto de los esquemas hay establecida una tarifa, en este esquema no hay una predefinida porque el coste depende de la complejidad del proyecto analizado, la superficie que evaluar y las características propias del edifico o proyecto.

 APLICACIÓN PRÁCTICA

Rubén tiene que llevar a cabo un proyecto para una vivienda en la que utilizará BREEAM® ES Vivienda. Para ello quiere comenzar por estudiar las distintas categorías que le afectan. ¿Puedes indicarle cuál

Continúa en página siguiente >>

<< Viene de página anterior

de las siguientes categorías no se corresponde con la certificación BREEAM® ES Vivienda?

* **Energía**
* **Innovación**
* **Materiales**
* **Residuos**

Solución

Las categorías que intervienen en BREEAM® ES Vivienda son:

* Gestión
* Salud y bienestar
* Energía
* Transporte
* Agua
* Materiales
* Residuos

Por tanto la categoría que no corresponde es la de Innovación.

2.5. BREEAM® ES En Uso

Este esquema es específico para los edificios, comerciales o residenciales, que llevan al menos dos años en funcionamiento y se enfoca en mejorar su sostenibilidad.

*Icono correspondiente
a BREEAM® ES En Uso*

Para la obtención de un certificado BREEAM® ES En Uso es **obligatoria la visita de un asesor BREEAM® al edificio,** para que recoja las distintas evidencias que aseguren el cumplimiento de las indicaciones reflejadas en las nueve categorías en las que se organiza este esquema.

 **VÍDEO**

Puedes ver un vídeo sobre la forma en la que se utiliza BREEAM® ES En Uso, accediendo desde aquí:

https://redirectoronline.com/enac018po0305

Dentro de esta certificación podemos destacar la torre Agbar o el hotel Le Méridien en Barcelona, así como la torre Espacio y la torre Cepsa en Madrid, o la sede del Banco Santander en la capital cántabra.

Hasta ahora esta certificación evaluaba el comportamiento medioambiental del edificio atendiendo a las prestaciones medioambientales, pero en la actualización llevada a cabo en el año 2022 se incorporaron aspectos relacionados con la **economía circular, los retos y oportunidades de la transición climática** mediante la incorporación de las categorías **Recursos y Resiliencia.** El manual incorpora distintos aspectos recogidos en el Pacto Verde Europeo, la Ley Europea del Clima y el paquete de medidas denominado Objetivo 55 (Fit for 55).

Mediante las normativas anteriores, la Unión Europea trata de conseguir una reducción de las emisiones en un 55 % antes del año 2030 y tratar que para el año 2050 la Unión Europea sea climáticamente neutra.

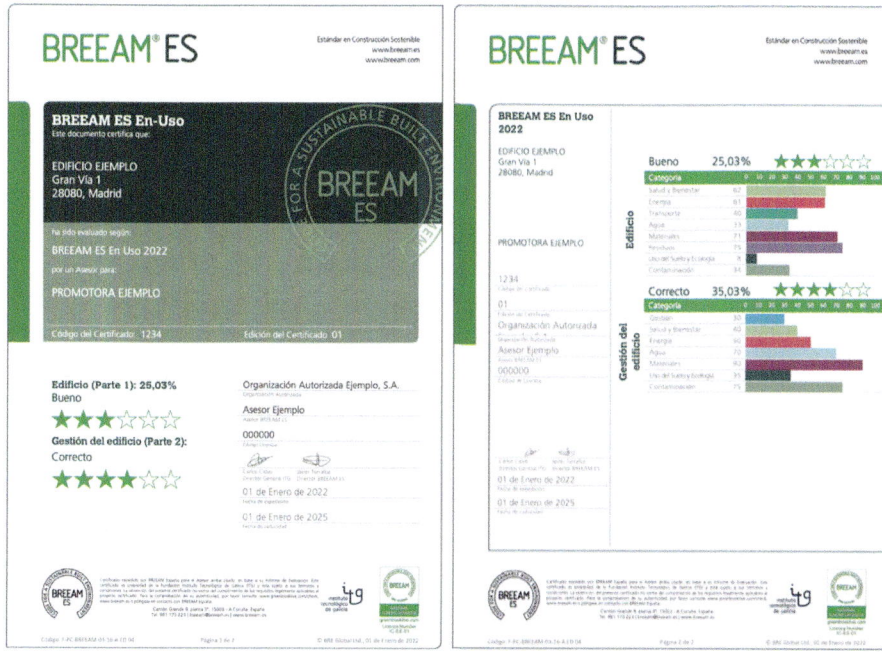

Certificado medioambiental BREEAM® ES En Uso (Fuente: Manual Versión reducida BREEAM En Uso v6 de breeam.es)

2.6. Beneficios de certificar un edificio

Con el paso del tiempo las personas hemos ido tomando conciencia de la importancia de cuidar el medioambiente como elemento que, además de cuidar nuestro entorno, contribuye a mejorar la calidad de vida tanto de las personas que nos rodean como la nuestra propia.

La certificación de un edificio trata de conseguir edificios más confortables, seguros y saludables, mejorando nuestra calidad de vida, lo que conlleva beneficios sobre nuestra salud.

Mediante la implementación de sistemas de reducción de consumo energético, también reduciremos las emisiones de CO_2 y, al reducir los consumos de agua, mantenimiento y funcionamiento, conseguiremos beneficios económicos que redundarán en un aumento del valor de las viviendas.

> Menores costes de funcionamiento

Continúa en página siguiente >>

<< Viene de página anterior

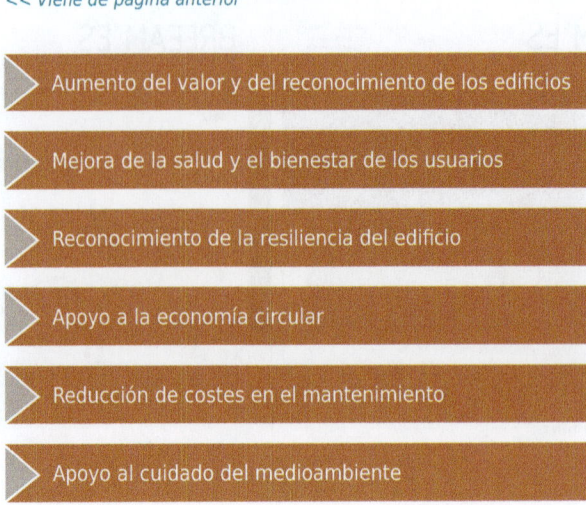

Aumento del valor y del reconocimiento de los edificios

Mejora de la salud y el bienestar de los usuarios

Reconocimiento de la resiliencia del edificio

Apoyo a la economía circular

Reducción de costes en el mantenimiento

Apoyo al cuidado del medioambiente

2.7. Pasos del proceso de certificación

El proceso para evaluar y certificar un edificio se lleva a cabo desde su página web y se organiza en dos apartados que se evalúan de manera independiente:

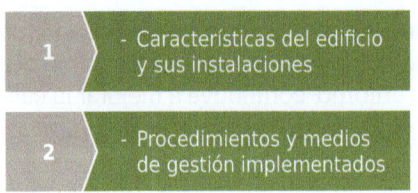

1 - Características del edificio y sus instalaciones

2 - Procedimientos y medios de gestión implementados

Para llevar a cabo el proceso de evaluación, el promotor del edificio o el cliente necesita la ayuda de un asesor BREEAM®, que será quien lleve a cabo todo el proceso.

Proceso de evaluación usando BREEAM® ES

El cliente quiere certificar el edificio usando BREEAM® ES. → El cliente selecciona un asesor BREEAM® ES. → **Fase de diseño** El asesor registra el proyecto.

Fase de diseño Se recopilan las evidencias del cumplimiento de las exigencias. ← **Fase de diseño** Se redacta el informe de evaluación. ← Se lleva a cabo la verificación por parte de BREEAM® ES.

Se emite el certificado provisional por parte de BREEAM® ES. → **Fase final de construcción** El asesor solicita el certificado final. → **Fase final de construcción** Se recopilan las evidencias del cumplimiento de las exigencias.

Se emite el certificado final por parte de BREEAM® ES. ← Se lleva a cabo la verificación por parte de BREEAM® ES. ← **Fase final de construcción** Se redacta el informe de evaluación.

Responsabilidad del cliente.   *Responsabilidad del asesor BREEAM® ES.*   *Responsabilidad de BREEAM® ES.*

El asesor BREEAM® elegido por el cliente será el responsable de la gestión del proceso de evaluación, debiendo implicar a todas las partes que participan en el proyecto para alcanzar la puntuación de sostenibilidad del edificio más alta.

 **RECUERDA**

Las calificaciones que se pueden alcanzar utilizando el sistema de certificación BREEAM® son: Correcto, Bueno, Muy Bueno, Excelente y Excepcional, que se corresponden con la obtención de una a cinco estrellas.

No debemos perder de vista que el certificado debe ser renovado con una periodicidad trianual una vez emitido el certificado final de la edificación.

2.8. Costes de la certificación

Cada etapa por la que pasa la certificación tiene establecidos unos costes que se publican en un tarifario en el que se recogen todos los servicios que ofrece BREEAM® ES.

Dependiendo del esquema de certificación elegido, las tarifas cambian, como en el caso de los edificios residenciales, en los que el coste final depende de las superficies y la cantidad de viviendas que se desean certificar.

Para todos aquellos proyectos que se registraron a partir de enero de 2020, el certificado final incluye la entrega de una **placa circular de acero** en la que se recoge la calificación obtenida, mediante una escala de estrellas y una calificación. Si la certificación fue anterior, se debe adquirir la placa por separado de la certificación.

Placa de acero donde se recoge la calificación de la sostenibilidad del edificio

 **TAREA 5**

Alexis acaba de recibir la visita de un cliente, que le indica que ha querido certificar su vivienda unifamiliar usando BREEAM® ES. El cliente le indica que,

Continúa en página siguiente >>

<< Viene de página anterior

al tratar de hacerlo por su cuenta, le han indicado que no podía hacerlo y que debía ser un evaluador acreditado.

¿Puedes indicarle al cliente de Alexis cómo debe proceder para llevar a cabo el proceso de certificación de su vivienda unifamiliar?

2.9. Los asesores certificadores

Los **asesores** son técnicos independientes en la relación con su cliente encargados de asegurar que el proyecto que se desea certificar cumple los requisitos establecidos por el sistema de certificación BREEAM®.

Estos asesores deben superar el proceso de capacitación exigido por BREEAM® y que es de conformidad con la norma UNE-EN ISO/IEC 17024:2012, que establece los requisitos generales que deben cumplir los organismos que realizan certificación de personas.

IMPORTANTE

Los asesores BREEAM® son los únicos profesionales reconocidos por BREEAM® para llevar a cabo las evaluaciones y procesos de certificación usando su metodología.

Todos los asesores que figuran en su listado han sido evaluados tanto en conocimientos como las habilidades y aptitudes para llevar a cabo el proceso de certificación.

Certificación

Para **certificarse como asesor BREEAM®** se deben seguir los siguientes pasos:

⮑ **Solicitud:** una vez llevada a cabo la formación, la persona candidata puede realizar la solicitud, que, para ser validada, debe acompañarse del pago de la tasa de examen. La solicitud debe incluir copia del documento de identificación personal, copia del título universitario y un currículum en el que se recoja la experiencia profesional en el sector.

Documento de solicitud de examen certificación Asesor Evaluador

⊃ **Examen:** debe superarse el examen en el plazo no superior a doce meses desde que se lleva a cabo la formación. Consiste en un examen tipo test dividido en diferentes bloques en los que se pregunta al aspirante por cada competencia que se desea certificar. Para superar el examen se deben contestar correctamente al menos un 60 % de las preguntas de cada bloque.

⊃ **Licencia:** una vez aprobado el examen y pagada la tasa correspondiente a la obtención de la licencia, el candidato pasa a figurar en el listado oficial de asesores, pudiendo ofrecer sus servicios como asesor BREEAM®.

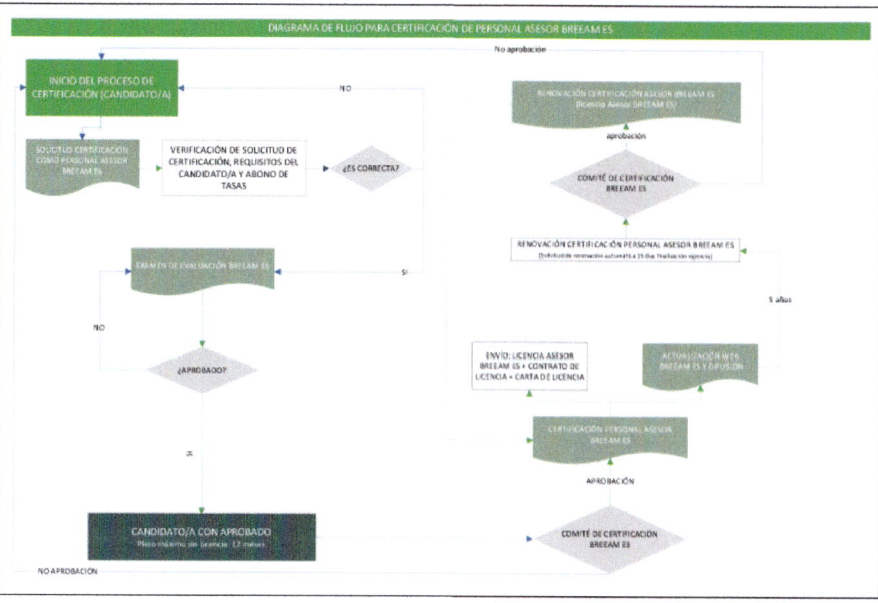

Diagrama de flujo de la certificación personal de BREEAM® (Fuente: Procedimiento PC-BREEAM-05-CERTIFICACIÓN PERSONAL ASESOR BREEAM® ES)

 **PARA SABER MÁS**

Puedes consultar el procedimiento de certificación de personal asesor BREEAM® ES, accediendo desde aquí:

Continúa en página siguiente >>

<< Viene de página anterior

https://redirectoronline.com/enac018po0306

Requisitos

Los requisitos que se deben cumplir y el modelo de examen varían dependiendo del tipo de certificación que se desee obtener. Las condiciones para cada una de ellas son:

➲ **BREEAM® ES – Nueva Construcción / Vivienda:** examen de 72 preguntas tipo test para el que se dispone de cuatro horas y media para su resolución.La estructura del examen es la siguiente:

Sesión del examen	Número de preguntas	Número total	Competencias	Tiempo de realización
Secciones de la 1 a la 5	8 por sección	40	Competencias transversales (1 por sección)	2 horas y media
Secciones de la 6 a la 8	8 por sección	32	Competencias específicas (1 por sección)	2 horas

➲ **BREEAM® ES – En Uso:** examen compuesto por 30 preguntas tipo test. El tiempo máximo permitido es de dos horas y media para la resolución de las cuestiones planteadas.

Sección del examen	Número de preguntas	Número total	Competencias	Tiempo de realización
Sección 1	8		Competencia 1	
Sección 2	14	30	Competencia 2	2 horas y media
Sección 3	8		Competencia 3	

➲ **BREEAM® ES – Urbanismo:** examen de cuatro horas máximo de duración en cuyo plazo se deben contestar 56 preguntas tipo test. La estructura de este examen es la siguiente:

Sesión del examen	Número de preguntas	Número total	Competencias	Tiempo de realización
Secciones de la 1 a la 4	8 por sección	32	Competencias transversales (1 por sección	2 horas y media
Secciones de la 5 a la 7	8 por sección	24	Competencias específicas (1 por sección)	1 horas y media

Los certificados emitidos tienen una **vigencia de cinco años** y únicamente serán válidos para el esquema en el que se haya licenciado.

En el caso de que la certificación caducase, o haya sido retirada por parte del Comité de Certificación, se debe volver a realizar el procedimiento de certificación como si de una nueva se tratase.

Para poder acceder a los exámenes de certificación, se debe abonar la tasa correspondiente una vez que se realiza la inscripción.

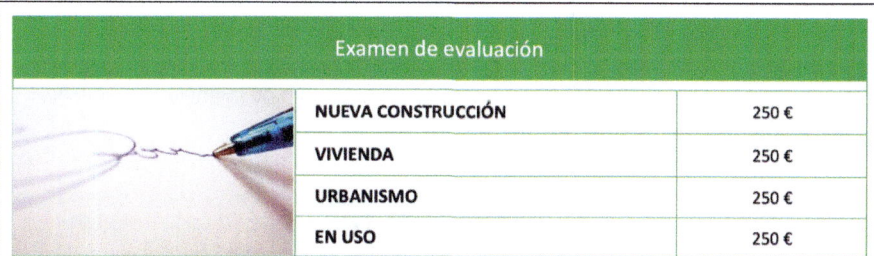

Examen de evaluación	
NUEVA CONSTRUCCIÓN	250 €
VIVIENDA	250 €
URBANISMO	250 €
EN USO	250 €

- Para ser personal asesor BREEAM es necesario superar este examen elaborado conforme a las competencias de la norma internacional UNE-EN ISO/IEC 17024 y avalado por ENAC. El examen debe ser aprobado en los 12 meses siguientes a la formación realizada, y es necesario superar el 60% de las preguntas de cada bloque.

Tasas de examen de evaluación correspondientes al año 2023 (Fuente: breeam.es)

3. Certificación nacional de eficiencia energética en los edificios

 HILO CONDUCTOR

Uno de los problemas a los que se enfrentan Cristiana y Marian es el grado de exigencia de las certificaciones, lo que provoca que muchos de sus proyectos no puedan conseguirlas, por lo que quieren que al menos los edificios obtengan la certificación correspondiente a su eficiencia energética, de acuerdo con las condiciones establecidas por la directiva europea y la normativa española.

La actualización de la Directiva Europea 2010/31/EU provocó la modificación del procedimiento básico para la certificación de la eficiencia energética de los edificios, que quedó recogido en el Real Decreto 390/2021, de 1 de junio, por el que se aprueba el procedimiento básico para la certificación de la eficiencia energética de los edificios.

 PARA SABER MÁS

Si quieres consultar el Real Decreto 390/2021, de 1 de junio, por el que se aprueba el procedimiento básico para la certificación de la eficiencia energética de los edificios, puedes hacerlo accediendo desde aquí:

https://redirectoronline.com/enac018po0307

Este Real Decreto, además de promover la eficiencia energética de los edificios y favorecer el uso de energías renovables que reduzcan las emisiones de CO_2, también establece las **condiciones administrativas y técnicas** que deben cumplirse para la realización, obtención y registro de las certificaciones energéticas obtenidas por los edificios y la manera de transmitirlas a los propietarios de estos.

En el **artículo 3** se define la **tipología de los edificios** que tienen la obligación de certificar su eficiencia energética, entre los que destacan:

1. Edificios de nueva construcción.
2. Edificios o partes de estos que se alquilen o vendan a un nuevo propietario o arrendatario.
3. Edificios pertenecientes u ocupados por las Administraciones públicas cuya superficie útil total sea superior a 250 m²
4. Edificios en los que se lleven a cabo reformas o ampliaciones que necesiten un proyecto de instalaciones térmicas.
5. Edificios en los que se realice una intervención en la envolvente en más de un 25 % de su superficie.
6. Ampliación del edificio en la que se aumente más de un 10 % la superficie o el volumen construido, y siempre que la superficie útil ampliada supere los 50 m².
7. Edificios cuya superficie útil total sea superior a los 500 m² y se destinen a usos administrativos, sanitarios, comercial, residencial público, docente, cultural, restauración, deportivos, transporte de personas, actividades recreativas o de usos religiosos.

IMPORTANTE

El certificado de eficiencia energética es obligatorio en el caso que se quiera vender o alquilar un inmueble.

- -

Los documentos técnicos que se reconocen para acreditar la eficiencia energética de los edificios han sido establecidos conjuntamente por el Ministerio para la Transición Ecológica y el Reto Demográfico y el Ministerio de Transportes, Movilidad y Agenda Urbana, quedando recogidos en el **artículo 4,** y pueden ser:

a - Procedimientos de cálculo. Estos procedimientos pueden ser simplificados o generales, quedando limitados a los documentos establecidos para su justificación.

b - Especificaciones y guías técnicas de apoyo a la aplicación tanto técnica como administrativa sobre la certificación de la eficiencia energética.

c - Modelos del informe correspondiente a la evaluación energética del edificio, certificados físicos o digitales de la información y etiquetas de eficiencia energética del edificio.

d - Otros documentos que faciliten la aplicación de la certificación, quedando excluidos aquellos que hagan referencia a productos específicos o sistemas patentados.

NOTA

De acuerdo con el artículo 6, será el promotor o el propietario del edificio el responsable de encargar la realización de la certificación energética de este, y conservar la documentación correspondiente.

En el apartado **5 del artículo 6** se establece que el técnico certificador deberá visitar obligatoriamente el inmueble con una antelación mínima de tres meses a la fecha de emisión del certificado.

El **artículo 8** establece la documentación mínima que debe contener un proyecto de certificación energética de un edificio. Esta debe estar compuesta por:

a. Documento específico del certificado de eficiencia energética del edificio. Identificación del edificio o la parte de este que se certifica. Se incluirá la referencia catastral y la catalogación arquitectónica.

Indicación del procedimiento utilizado para obtener la calificación de eficiencia energética.

Referencia a la normativa sobre ahorro y eficiencia energética vigente en el momento de su construcción.

Descripción de las características energéticas del edificio: envolvente, instalaciones técnicas, condiciones de funcionamiento, de ocupación, de confort y cualquier otro dato que se haya utilizado para obtener la calificación de eficiencia energética del edificio.

b. Etiqueta de eficiencia energética.

c. Informe de evaluación energética del edificio en formato electrónico (XML).

d. Documentos o ficheros digitales necesarios para la evaluación del edificio en los procedimientos de cálculo utilizados.

e. Anexos y cálculos justificativos que pudieran ser necesarios para la correcta interpretación de la evaluación energética del edificio.

f. Recomendaciones de uso para el usuario.

Los certificados de eficiencia energética de los edificios tienen una validez máxima de diez años, como establece el **artículo 13,** excepto en aquellos que obtengan una calificación energética G, cuya validez es de cinco años.

El **artículo 16** establece que los edificios deben exhibir en un lugar destacado y bien visible la etiqueta de certificación energética del edificio, y debe coincidir con el certificado registrado en el órgano competente de la comunidad autónoma en la que se ubique este.

Este certificado recoge información acerca de las características energéticas de la vivienda, y se basa en el cálculo del consumo energético de la vivienda a lo largo de un año. También se tienen en cuenta las condiciones normales de funcionamiento y el número de personas que la ocupen.

Entre los elementos que tiene en cuenta están la producción de agua caliente, la calefacción, la refrigeración y la ventilación, sin perder de vista los materiales constructivos y el cerramiento exterior (ventanas, carpinterías, etc.).

Maneras de reducir tu huella de carbono (Fuente: endesa.com)

El resultado que se obtiene del certificado energético se clasifica mediante siete letras. La A corresponde al edificio más eficiente energéticamente y la G hace referencia a un edificio menos eficiente energéticamente.

PARA SABER MÁS

Puedes consultar la página del Ministerio para la Transición Ecológica y el Reto Demográfico en la que se lleva a cabo una recopilación de documentos de apoyo al proceso de certificación energética de los edificios, accediendo desde aquí:

https://redirectoronline.com/enac018po0308

También podemos encontrar inmuebles en los que **no es necesario** el certificado de eficiencia energética, como por ejemplo:

- Edificios y monumentos protegidos, ya sea por su entorno o por su valor histórico o arquitectónico.
- Edificios de culto o religiosos.
- Edificios cuya superficie sea inferior a los 50 metros cuadrados.
- Talleres o habitáculos destinados a labores agrícolas o que no se destinen a uso residencial.
- Edificaciones que por sus características deban permanecer abiertas.
- Construcciones provisionales y que no hayan trascurrido dos años desde su construcción.
- Edificios o partes de estos cuyo uso sea inferior a un cuatrimestre o que tenga un consumo energético inferior al 25 % del total previsto para el año. En este caso se debe justificar mediante una declaración responsable del propietario de la vivienda.

La certificación energética del edificio debe tenerse en cuenta desde la fase de diseño.

Para la obtención del certificado será suficiente con encontrar **una persona certificadora autorizada** y **registrar el certificado** en el organismo competente de la comunidad autónoma.

Para realizar el certificado energético de un edificio, podemos usar el **programa CE3X,** que, mediante la recopilación de la información del edificio, finalizará con los cálculos correspondientes y la calificación energética del inmueble.

- **Visita al inmueble:** se inspeccionarán todos los materiales constructivos del edificio, así como los cerramientos, vidrios y marcos de las ventanas, forjados, cubiertas, etc., instalaciones de calefacción, refrigeración, ventilación, agua caliente sanitaria e iluminación, así como la orientación y todas aquellas mediciones que sean necesarias, sin olvidarse de los edificios adyacentes y las sombras que se proyecten sobre el edificio que se quiere certificar.

- **Recopilación de información:** se deben incorporar los planos, el proyecto de construcción, climatización, iluminación, etc.
  Si hay que certificar un edificio de nueva construcción, se deben realizar dos certificados, uno del proyecto y otro del edificio terminado.
- **Informe de certificación:** debe llevarse a cabo utilizando cualquiera de los programas reconocidos por el Ministerio para la Transición Ecológica y el Reto Demográfico. Entre los que se encuentran reconocidos están LIDER-CALENER VYP O GT, CE3X y CERMA, entre otros.
- **Registro organismo competente:** se registra el informe correspondiente a la certificación energética del inmueble. Suele llevarse a cabo de manera telemática y debe estar firmada por el técnico que ha llevado a cabo la certificación.
- **Etiqueta energética:** esta deberá ser emitida por el organismo autonómico competente de la comunidad autónoma en la que se ubique el edificio o vivienda.

 PARA SABER MÁS

Puedes consultar un certificado de eficiencia energética de un edificio sito en Huelva, accediendo desde aquí:

https://redirectoronline.com/enac018po0309

La **etiqueta de calificación medioambiental** se obtiene posteriormente a la emisión del certificado energético, y, aunque su gestión depende de la comunidad autónoma en la que se lleve a cabo, su contenido y diseño es el mismo en todas.

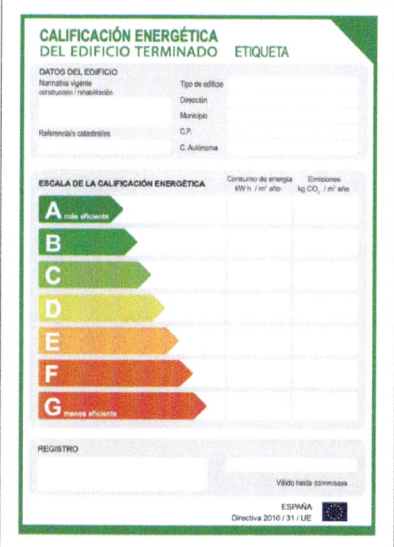 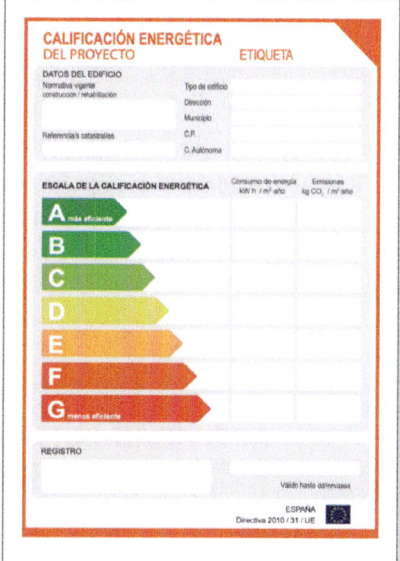

Certificado de calificación energética de un edificio y un proyecto

La etiqueta energética es un resumen del certificado y en ella se recogen las emisiones de CO_2 y el consumo de energía no renovable.

El marco de color verde indica que el inmueble está terminado. En caso de que sea de color naranja, indica que el inmueble todavía se encuentra en proyecto. También podemos verificar el estado del certificado en el título de la etiqueta que indica el estado de la certificación.

 SABÍAS QUE...

Desde la revisión del Documento Básico del Código Técnico de la Edificación correspondiente al ahorro de energía (CTE-HE) en el año 2013, la calificación del edificio es doble. Se califica el consumo de energías primarias no renovables y las emisiones de dióxido de carbono (CO_2).

El certificado se debe renovar **cada diez años,** aunque, si la calificación obtenida está establecida en la **letra G,** esta renovación debe llevarse a cabo **cada cinco años.**

IMPORTANTE

El responsable de la actualización o renovación del certificado es el propietario del edificio, de acuerdo con las condiciones establecidas por el organismo público competente, aunque puede actualizar el certificado voluntariamente cuando considere que se han llevado a cabo modificaciones que afectan directamente a la calificación energética indicada en el certificado.

ACTIVIDAD COMPLEMENTARIA

6. Investiga acerca de los indicadores de eficiencia energética, los objetivos y cómo nos ayuda su control.

3.1. Ejemplo de certificación usando *CE3X*

A continuación, te vamos a mostrar el proceso que debe llevarse a cabo para realizar un certificado de eficiencia energética usando el programa *CE3X*. Para este ejemplo trataremos de certificar una vivienda unifamiliar.

Nada más abrir la aplicación en nuestro equipo lo primero que nos pregunta es el tipo de edificación para el que vamos a llevar a cabo la certificación. En nuestro caso, debemos seleccionar la opción **Residencial.**

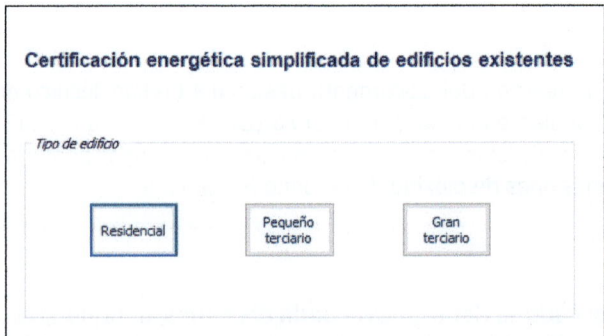

Pantalla de selección del tipo de edificio que se va a certificar

Ahora ya accedemos al programa en el que deberemos introducir los datos del edificio de acuerdo con las pestañas encargadas de organizar la información de este.

La primera pestaña que nos vamos a encontrar es la denominada **Datos administrativos.** En esta debemos introducir los datos de la vivienda, los datos del cliente y los del técnico certificador. En el apartado referente a la **Localización e identificación del edificio** se solicita la referencia catastral del inmueble, que sirve para identificar correctamente el edificio.

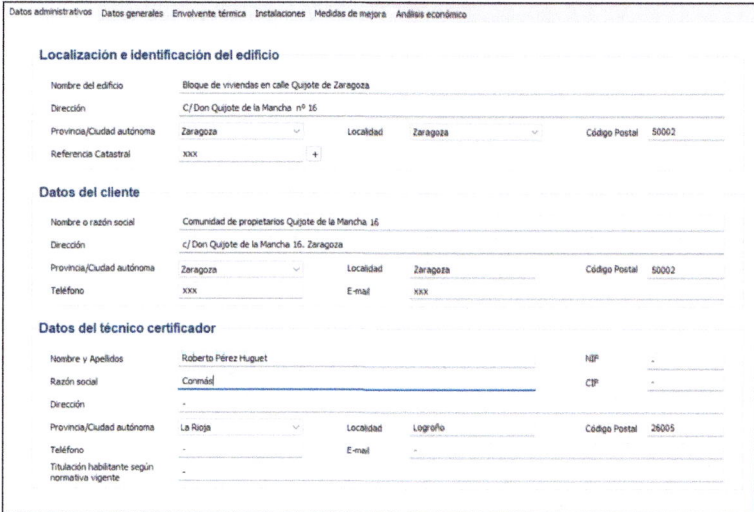

Pestaña correspondiente a los datos administrativos del proyecto

 **DEFINICIÓN**

Referencia catastral
Identificador oficial y obligatorio que se asigna a cada uno de los bienes inmuebles ubicados en España. Este identificador es único y se compone de veinte caracteres, que hacen referencia a la provincia, municipio, sector, polígono, parcela, identificación del inmueble y los caracteres de control.

En la siguiente pestaña, **Datos generales,** se recogen distintos datos constructivos del edificio, como el año de construcción, normativa de edificación aplicable, etc.

IMPORTANTE

Los edificios construidos antes de 1979 no están sujetos a la norma NBE-CT-79 y aquellos construidos entre los años 1980 a 2007 están fuera del Código Técnico de la Edificación.

Se debe incorporar la **ubicación exacta del inmueble** para que el programa seleccione la zona climática que le corresponda. Si no se encuentra la localidad entre las ofrecidas por el programa, se debe seleccionar la más próxima.

Otros datos que se deben incorporar son la **superficie útil de la vivienda, la altura promedio entre suelo y techo, plantas del edificio, ventilación y consumo de agua caliente** estimado según la cantidad de personas que vivan en ella.

Además de la información anterior, también hay que incorporar **el plano de ubicación** y una **fotografía de la fachada** para que sea más sencillo identificar el inmueble que se está certificando.

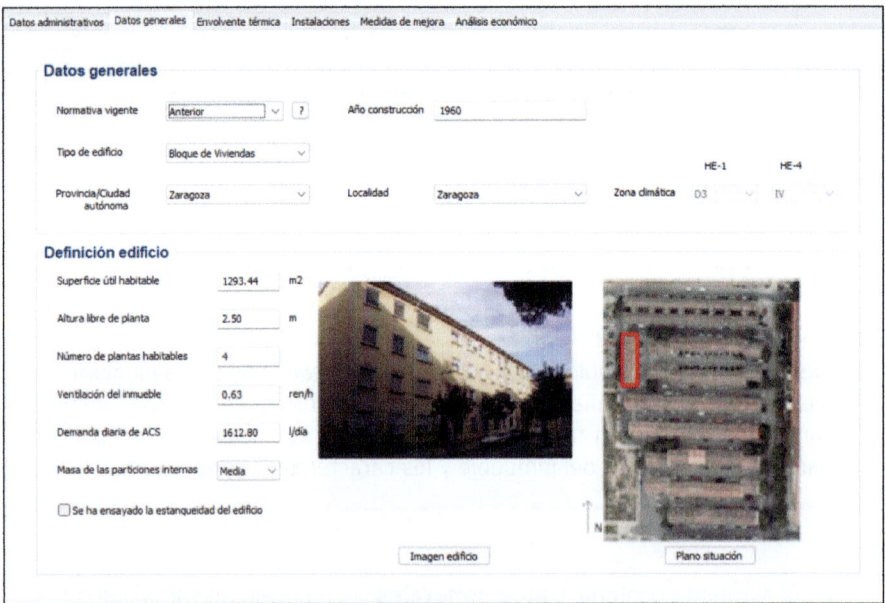

Pestaña correspondiente a los datos generales del edificio

En la tercera pestaña, **Envolvente térmica,** hay que introducir los datos de todas las fachadas, teniendo en cuenta su superficie, orientación y materiales que las componen. Podemos introducir los datos que hayamos calculado o, por el contrario, el programa asigna unos valores predefinidos.

SABÍAS QUE...

Las fachadas orientadas al norte en invierno reciben menos horas de sol que las que se orientan al sur, lo que provoca un mayor consumo de calefacción para calentarlas. Por el contrario, las fachadas orientadas al sur en verano estarán más calientes que las orientadas al norte, por lo que necesitarán más energía para refrigerarlas.

- -

Los materiales constructivos de la fachada, el espesor de los muros, la existencia de cámara de aire o si dispone de aislamiento provocarán que la fachada se comporte de manera diferente.

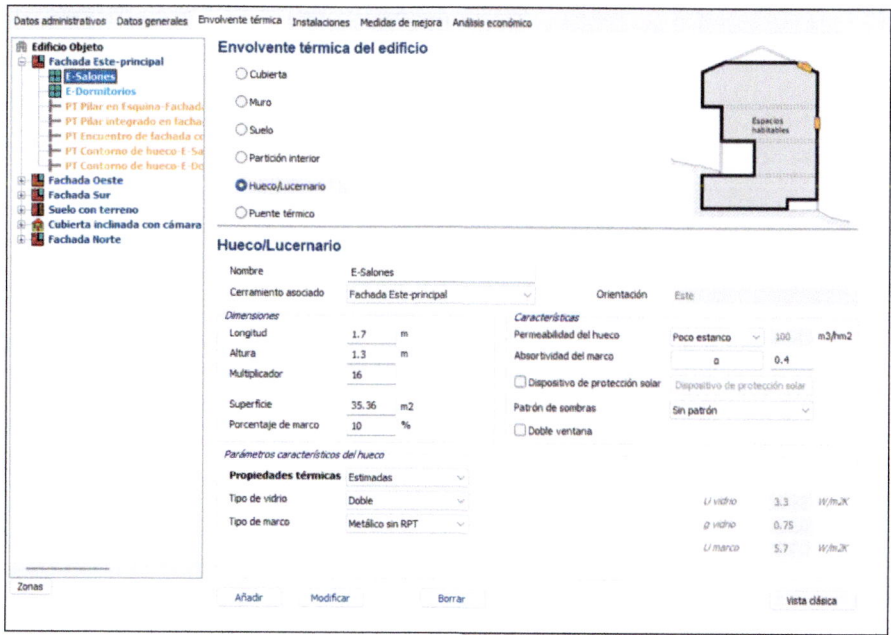

Pestaña correspondiente a la envolvente térmica del proyecto

Esta pestaña no debemos abandonarla hasta incorporar todos los huecos que se encuentren en la fachada o cubierta del edificio. Hay que incorporar los distintos elementos, como puertas, ventanas, acristalamiento y materiales constructivos de estas. Hay que incorporar, también, los puentes térmicos que aparecen en los puntos de unión entre estos elementos y la propia fachada y que pueden dejar escapar el calor por falta de un correcto aislamiento.

Un aspecto importante son las sombras que inciden sobre las fachadas y que se incorporan al proyecto de manera manual, debiendo tener en cuenta los edificios y elementos que rodean al edificio que se quiere certificar.

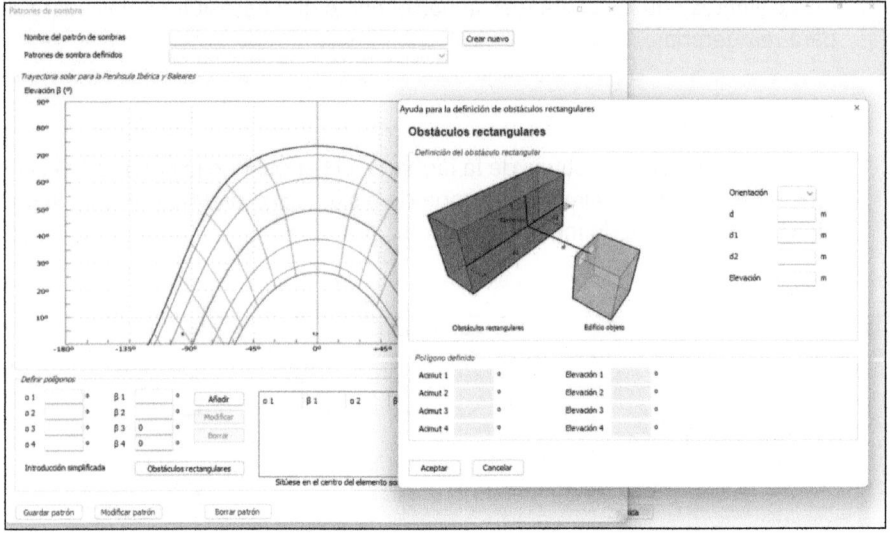

Pestaña correspondiente a la envolvente térmica del proyecto

En la siguiente pestaña, se deben incorporar los datos correspondientes a las instalaciones de agua caliente sanitaria (ACS), sistemas de calefacción y refrigeración. Las modificaciones que se realicen en esta pestaña tendrán una repercusión importante en el nivel de certificación final.

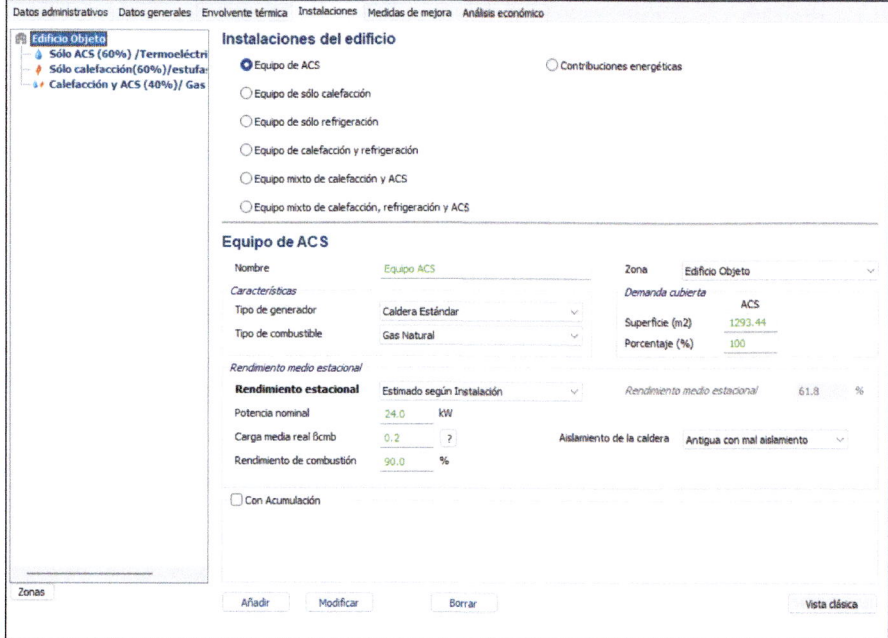

Pestaña correspondiente a la envolvente térmica del proyecto

NOTA

El uso de energías renovables nos ayudará a conseguir una mejor calificación, mientras que el uso de energías fósiles nos penalizará.

Ahora mismo el programa ya dispone de los datos para ofrecernos el resultado de la calificación energética del edificio. En nuestro caso, el **resultado obtenido es E.**

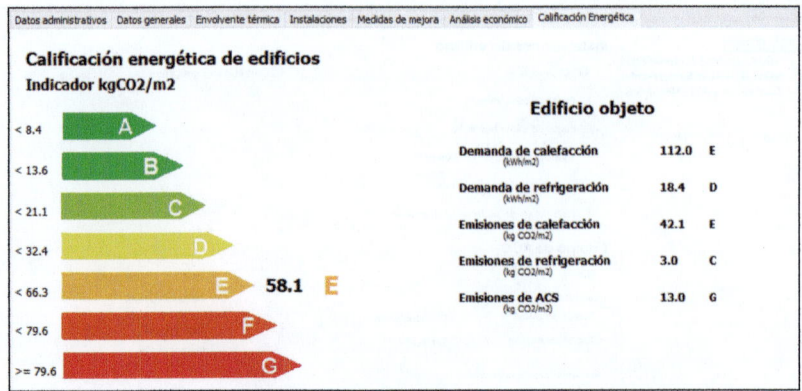

Pestaña correspondiente al resultado energético del edificio

Las letras se acompañan de unos valores numéricos que expresan la demanda energética de calefacción y refrigeración en kWh/m² y las emisiones de CO_2 a la atmósfera por parte de los equipos productores de agua caliente sanitaria, refrigeración y calefacción expresados en **$kgCO_2/m^2$**.

Una vez obtenida la calificación energética, la aplicación nos brinda una serie de medidas que ayudarán en la mejora energética del edificio.

Pestaña correspondiente a las mejoras energéticas de edificio

4. Otros sistemas de certificación a nivel nacional: VERDE, Guías ihobe, Sello CENER, etc.

☞ HILO CONDUCTOR

Marian y Cristiana tienen un cliente que necesita certificar medioambientalmente su edificio, por lo que no es suficiente el certificado de eficiencia energética del edificio, así que necesitan mostrarle diferentes alternativas para poder conseguir dicho certificado. En este punto analizarán distintas opciones que son menos restrictivas que las certificaciones vistas hasta ahora y que facilitan la posibilidad de certificar el edificio en el aspecto medioambiental.

Como se ha visto a lo largo de esta acción formativa, la edificación sostenible, actualmente, se encuentra en auge, debido a la preocupación adquirida por el cuidado del medioambiente que, tanto directa como indirectamente, beneficia a las personas y su entorno.

La sostenibilidad de los edificios se centra en las denominadas **5 P:**

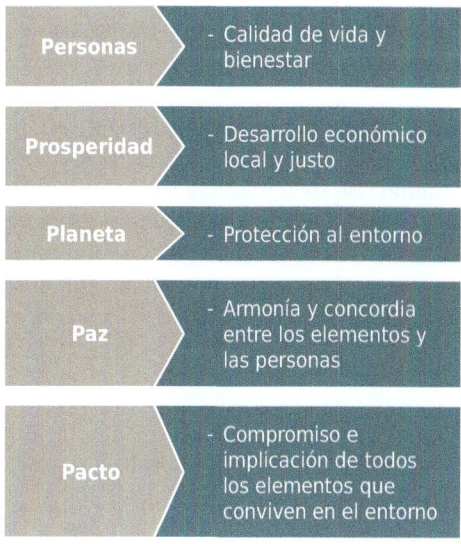

Personas	- Calidad de vida y bienestar
Prosperidad	- Desarrollo económico local y justo
Planeta	- Protección al entorno
Paz	- Armonía y concordia entre los elementos y las personas
Pacto	- Compromiso e implicación de todos los elementos que conviven en el entorno

Definición de las 5 P y sus características

IMPORTANTE

Para conseguir alcanzar los objetivos, debemos evaluar la calidad ambiental y técnica, la gestión de los recursos y su integración en el entorno, entre otros factores.

Además del sistema de certificación BREEAM® ES, podemos encontrar otras certificaciones que pueden ayudarnos a conseguir que nuestra vivienda o edificación demuestre que es sostenible. No podemos perder de vista que la certificación medioambiental de las edificaciones es un requisito cada vez más demandado por las personas, y que también se debe incorporar para cumplir el marco normativo vigente.

A continuación, veremos **otros sistemas de certificación** que se pueden utilizar a nivel nacional.

4.1. VERDE

El certificado VERDE es una herramienta enfocada a reconocer la sostenibilidad de los edificios que fue desarrollada en el año 2009 por el **Comité Técnico GBCe - Green Building Council España** y diferentes empresas e instituciones asociadas.

Todas las herramientas VERDE se encuentran en la página web gbce.es, donde también se encuentran los manuales técnicos correspondientes al criterio que evaluar. De esta manera, cualquier persona, sea técnico o no, puede comprobar el grado de consecución de la certificación sin necesidad de estar acreditado como agente evaluador. Aunque debemos tener en cuenta que, si se desea certificar un edificio, con el fin de garantizar la calidad, veracidad e independencia de la certificación, esta debe ser llevada a cabo por un agente evaluador homologado por GBCe.

PARA SABER MÁS

En el apartado **Recursos** de la página web gbce.es puedes consultar los manuales técnicos correspondientes a las diferentes herramientas, accediendo desde aquí:

https://redirectoronline.com/enac018po0310

TAREA 6

Mar acaba de lograr la certificación de la eficiencia energética de un edificio y debe entregar dicha certificación a la presidenta de la comunidad. Una vez que se la ha entregado, esta te pide que le cumplimentes una plantilla en la que se explique la información que se recoge en este y la manera de renovar dicho certificado.

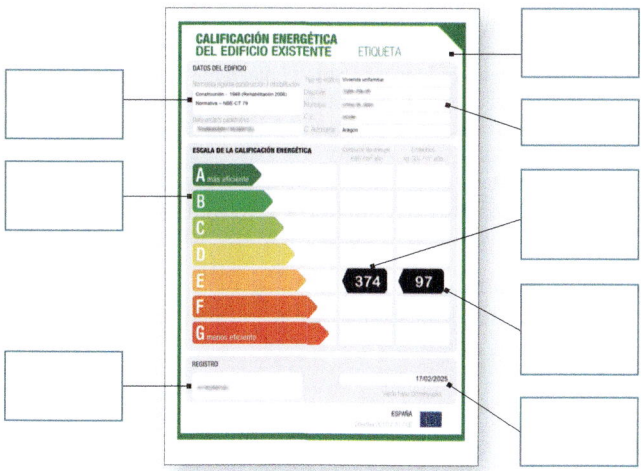

Continúa en página siguiente >>

<< Viene de página anterior

¿Puedes cumplimentar los apartados indicados e indicarle su significado a la presidenta de la comunidad de propietarios?

Procedimiento para la certificación VERDE

Para llevar a cabo la certificación de un edificio, GBCe establece un procedimiento que garantice por un lado la independencia del agente evaluador y la objetividad con respecto a los distintos puntos analizados.

Para ello establece cinco pasos:

Paso 1

- Contactar con un agente evaluador y realizar la evaluación del edificio. Se recomienda que este proceso comience lo antes posible, incluso cuando el proyecto está en fase de redacción.

Paso 2

- Registro y envío de la evaluación y la documentación justificativa. Se puede solicitar una precertificación o una certificación final una vez que el edificio esté terminado.

Paso 3

- Supervisión de la solicitud de certificación y de la evaluación realizada. Se comunican los resultados provisionales y se abre el plazo para presentar la documentación faltante o adicional solicitada.

Paso 4

- Propuesta de certificación y toma de decisión.

Paso 5

- Emisión del certificado.

Ejemplo de certificado Verde

Evaluadores acreditados

Para poder acreditarse como Evaluador Acreditado en la Sostenibilidad de Edificios, es obligatorio superar el proceso de acreditación de evaluadores establecido, además de pagar los costes asociados a la prueba de certificación y los derechos de uso de la condición de evaluador acreditado (EA VERDE) de acuerdo con las tarifas establecidas por el GBCe.

Para llevar a cabo la acreditación de los evaluadores EA VERDE, se comprueban los requisitos establecidos, que son:

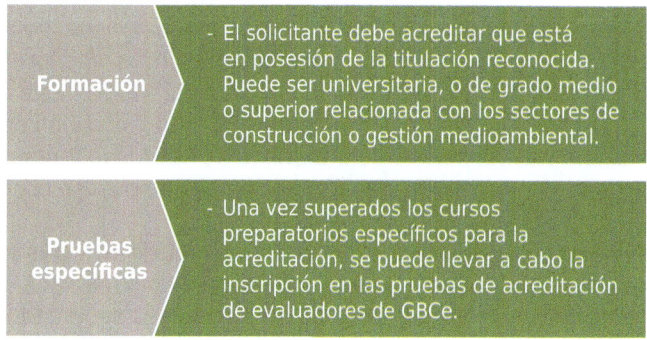

Formación - El solicitante debe acreditar que está en posesión de la titulación reconocida. Puede ser universitaria, o de grado medio o superior relacionada con los sectores de construcción o gestión medioambiental.

Pruebas específicas - Una vez superados los cursos preparatorios específicos para la acreditación, se puede llevar a cabo la inscripción en las pruebas de acreditación de evaluadores de GBCe.

Una vez comprobados los criterios y requisitos, la dirección del GBCe emite la acreditación correspondiente.

 PARA SABER MÁS

GBCe dispone de un listado de **agentes evaluadores** actualizado en el que se ordenan por distintos campos, como puede ser la provincia en la que desempeñan su trabajo. Si quieres acceder a ella puedes hacerlo desde aquí:

https://redirectoronline.com/enac018po0311

Programas formativos

GBCe plantea un recorrido académico que, empezando desde lo más básico de la herramienta, nos va a permitir obtener la acreditación como auditor de VERDE. Este recorrido nos va a permitir elegir el nivel de aprendizaje deseado, pudiendo pausarlo o retomarlo de acuerdo con nuestras necesidades.

Para ello, el recorrido se estructura en tres formaciones:

- **Formación teórica VERDE:** formación básica *online,* de 30 h de duración, en la que se introduce al participante en los criterios de edificación y los indicadores usados por la herramienta VERDE. Esta formación no requiere tener conocimientos previos y, una vez superada, se emite la titulación correspondiente a **Experto VERDE.** Esta formación se considera fundamental para aquellas personas que deseen especializarse en el campo de la edificación sostenible.
- **Formación práctica VERDE:** esta formación, de 40 h, que se lleva a cabo de manera *online,* profundiza en la herramienta mediante la simulación de distintos casos en los que se aprende a evaluar un edificio, asesorar

a promotores y constructores. Una vez superada esta formación, se obtiene la titulación como **evaluador acreditado VERDE,** lo que permite el ejercicio como certificador de proyectos.

◐ **Certificación tutorizada VERDE:** una vez que has conseguido certificarte como evaluador acreditado, puedes presentar un proyecto para que sea certificado. Durante este proceso *online* de 40 h, te acompañará el equipo VERDE, de forma que, una vez superado, obtendrás el **certificado de auditor VERDE.**

Herramientas

Las herramientas VERDE tratan de establecer una metodología de evaluación de la sostenibilidad de los edificios, cubriendo la mayor parte de las necesidades de los sectores de la construcción y la edificación en España.

Inicialmente se desarrollaron herramientas para las nuevas edificaciones, tanto residenciales como administrativas, para, con el paso del tiempo, desarrollar otras tipologías, como puede ser la rehabilitación y edificaciones especiales.

Las herramientas a las que podemos acceder desde la página web del GBCe son:

	VERDE Edificios - Esta herramienta está pensada para la certificación medioambiental de aquellos edificios de nueva construcción o rehabilitación de los ya existentes independientemente del uso al que se destine. Dentro de esta certificación podemos incluir edificios de nueva edificación, rehabilitación de edificios residenciales o para otros usos, como oficinas, locales, comercios, escuelas, restaurantes, bares, etc.
	VERDE de polígonos - Certificación enfocada en el ámbito de las edificaciones industriales en los parques logísticos y polígonos industriales de nueva construcción.
	Herramientas de ayuda - Herramienta de Ayuda al Diseño de Edificios Sostenibles (HADES) que trata de ayudar al proyectista durante el proceso de diseño, indicándole aquellos aspectos que se pueden mejorar aplicando criterios de sostenibilidad en el proyecto.

VÍDEO

Puedes visualizar el canal de Green Building Council España con diversos vídeos sobre la certificación VERDE, accediendo desde aquí:

https://redirectoronline.com/enac018po0312

APLICACIÓN PRÁCTICA

Eva quiere utilizar las herramientas que GBCe pone a su disposición para certificar un edificio. Debe certificar la rehabilitación que va a llevar a cabo en una vivienda de un edificio. ¿Puedes indicarle qué herramienta VERDE es la más adecuada para conseguir la certificación?

Solución

La certificación ambiental VERDE Edificios se establece para intervenciones en edificios nuevos o rehabilitación de viviendas en los edificios de uso residencial.

4.2. Guías ihobe

El objetivo de ihobe, una sociedad pública de gestión ambiental pertene-ciente al Gobierno vasco, es la **divulgación y promoción de la sostenibi-lidad ambiental** en la comunidad autónoma. Además, trabaja juntamente con otras Administraciones públicas, empresas o entidades que quieran impulsar la protección y cuidado medioambiental en cualquiera de los ám-bitos de trabajo en los que desempeñen su actividad.

En el año 2023 se cumplieron cuarenta años desde su creación, lo que ha provocado que se consolide como **entidad referente** gracias sobre todo al trabajo que ha llevado a cabo en la educación ambiental, edificación sostenible, gestión de residuos, etc.

Logotipo del ihobe

⊕ PARA SABER MÁS

Puedes acceder a la herramienta de cálculo y a la guía de construcción industrializada, de forma gratuita, accediendo desde aquí:

https://redirectoronline.com/enac018po0313

También es muy recomendable visitar el apartado de **Publicaciones,** en el que se recogen diferentes guías de edificación sostenible dentro la página web www.ihobe.eus, puedes acceder a ella desde aquí:

https://redirectoronline.com/enac018po0314

4.3. CENER

CENER es el Centro Nacional de Energías Renovables, que trabaja sobre cinco áreas energéticas; eólica, solar térmica, solar fotovoltaica, biomasa y transición energética en las ciudades, además de ofrecer un soporte tecnológico a empresas e instituciones.

 SABÍAS QUE...

El patronato que dirige el CENER está compuesto por el Ministerio de Ciencia e Innovación, Ciemat, el Ministerio para la Transición Ecológica y el Reto Demográfico y el Gobierno de Navarra.

El **sello CENER** era un sello de calidad medioambiental en la edificación que fue lanzado en el año 2007 por el Centro Nacional de Energías Renovables, que se encargaba de promover los objetivos medioambientales fijados en el Protocolo de Kioto y la Directiva 2002/91/EU (actualmente derogada por la Directiva 2010/31/UE), en los que se establecían las condiciones relativas a la eficiencia energética de los edificios.

Este sello analizaba los consumos energéticos del edificio (calefacción, refrigeración, ACS, etc.) y los ciclos de vida de los materiales constructivos desde su fabricación hasta su eliminación o reciclaje.

 SABÍAS QUE...

Para que un edificio obtuviera un sello CENER, debía contar con un buen aislamiento y un sistema de climatización eficiente, de forma que se redujera entre un 40 % y un 60 % la energía consumida por estos sistemas.

Además del sello CENER, también se podía obtener el **sello CENERPLUS,** que intensificaba los requisitos que se debían cumplir para conseguir una edificación excelente medioambientalmente hablando.

*Sello CENERPLUS de calidad
medioambiental en la edificación*

En septiembre de 2009, la unión del Centro Nacional de Energías Renovables de España (CENER) y la sociedad pública MIYABI, dependiente del Gobierno de Navarra, fueron los adjudicatarios del concurso convocado por el Ministerio de Industria, Comercio y Turismo para el desarrollo de un procedimiento de certificación energética de edificios para reducir las emisiones de CO_2, lo que provocó la **integración de este sello dentro del programa de Reconocimiento de la Certificación Energética de los Edificios Existentes** *(CE3X)*.

CENER, en colaboración con el IDAE (Instituto para la Diversificación y Ahorro de la Energía), ha desarrollado los procedimientos para llevar a cabo la certificación energética en los edificios.

NOTA

Estos procedimientos se han volcado en el **programa de cálculo** *CE3X,* que permite la certificación energética de la mayoría de los edificios residenciales que existen en España.

CENER también lleva a cabo labores de asesoramiento tanto a arquitectos como a promotores para ayudarles a seleccionar las mejores soluciones técnicas que aumenten el grado de calificación energética del edificio y a conocer el impacto que los materiales constructivos elegidos tendrán en el medioambiente.

Sede del CENER en la localidad de Sarrigurren (Navarra)

Complementariamente, también realiza trabajos de consultoría para la obtención de las certificaciones LEED y BREEAM.

 **VÍDEO**

Podrás ver un vídeo para conocer un poco más sobre las labores que lleva a cabo el Departamento de Energética Edificatoria de CENER accediendo desde aquí:

https://redirectoronline.com/enac018po0315

4.4. CYPETHERM HE Plus

CYPETHERM HE Plus es un programa gratuito para certificar la eficiencia energética de un edificio, además de justificar la normativa **CTE-DB (HE0, HE1 y HE4),** tanto en la fase de proyecto como del edificio terminado.

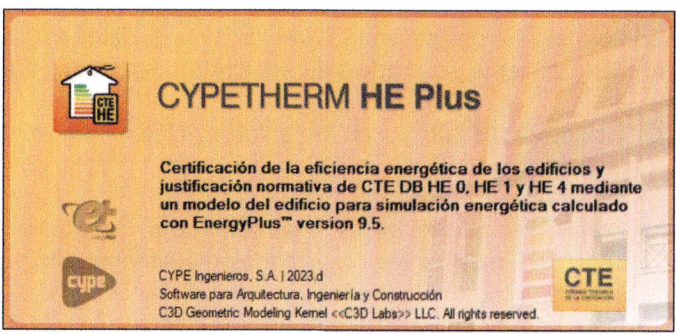

Pantalla inicial de la herramienta CYPETHERM HE Plus

Entre los **tipos de edificios** que podemos certificar usando este programa se encuentran:

- **Obra nueva:** edificios de nueva construcción que se incluyan en el Documento Básico de Ahorro de Energía del Código Técnico de la Edificación; DB-HE0 y DB-HE-1, así como el procedimiento DB-HE-4 si la demanda de agua caliente sanitaria (ACS) es superior a 100 litros al día.
- **Ampliación:** es para edificios existentes en los que se incrementa más de un 10 % la superficie o el volumen construido. Si la superficie útil ampliada supera los 50 mm², también debe cumplir el DB-HE-1. Si la demanda de ACS supera los 5.000 litros diarios y la intervención supone un incremento de más de un 50 % de la demanda inicial, se debe aplicar el DB-HE-4.
- **Reforma:** obra de reforma en la que se modifica más del 25 % de la superficie total de la envolvente del edificio y que provoca la aplicación del DB-HE-1. Si se renuevan las instalaciones de generación térmica, se debe aplicar el DB-HE-0. Deberá aplicarse el DB-HE-4 siempre que la demanda de agua caliente sanitaria supere los 100 litros días y se reforme íntegramente el edificio o la instalación de generación térmica.
- **Instalaciones térmicas:** realización o modificación del proyecto de las instalaciones térmicas.
- **Cambio de uso:** en este caso debe aplicarse el DB HE 1. Si la superficie útil total supera los 50 m², debe aplicarse el DB HE 0. Debe aplicarse el DB HE 4 si la demanda de agua caliente sanitaria (ACS) es superior a los 100 litros/día.
- **Edificio existente:** edificio o parte de este que sea vendido o alquilado a un nuevo arrendatario que deba realizar una inspección técnica del edificio.

El entorno *CYPETHERM HE Plus* se divide en secciones organizadas en pestañas que se pueden encontrar en la parte superior de la pantalla. Estas son:

⊃ **Edificio:** dentro de este apartado se definen los datos correspondientes al emplazamiento y el modelo del edificio. Se organiza en tres apartados:

◔ **Biblioteca:** se introducen los recintos y elementos constructivos del edificio, cerramientos, particiones, acristalamientos, puertas y puentes térmicos.

◔ **Zonas:** en cada una de las zonas se introducen los recintos mediante la definición de los muros, fachadas, medianeras, tabiques, forjados, soleras, voladizos, cubiertas y puentes térmicos lineales.

◔ **Sistemas:** se definen los sistemas de calefacción, agua caliente sanitaria y refrigeración eligiendo entre las opciones que abarcan los sistemas más utilizados.

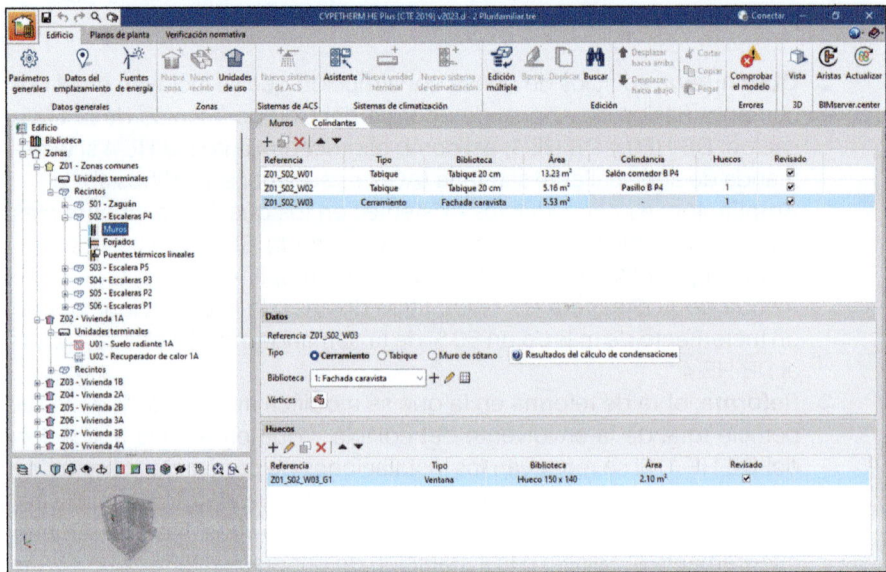

Pantalla correspondiente a la pestaña Edificio donde se recogen los datos constructivos de este

Esta aplicación nos permite justificar las siguientes normativas:

⊃ **Exigencia básica HE0:** en esta exigencia básica se establecen las limitaciones al consumo energético detallando los consumos por vector y servicio energético.

⊃ **Exigencia básica HE1:** en esta exigencia básica se establecen las condiciones necesarias para el control de la demanda energética.

⊃ **Exigencia básica HE4:** esta exigencia básica se centra en la contribución mínima de la energía renovable para cubrir la demanda de agua caliente sanitaria y la demanda energética asociada.

 **EJEMPLO**

Puedes descargarte un ejemplo de la justificación del cumplimiento de los tres tipos de exigencia básica accediendo desde aquí:

Exigencia básica HE0	Exigencia básica HE1

https://redirectoronline.com/enac018po0316	*https://redirectoronline.com/enac018po0317*

Exigencia básica HE4

https://redirectoronline.com/enac018po0318

Esta aplicación tiene herramientas específicas adaptadas a la normativa de otros países, como son *BINAYATE* en Marruecos, *CYPETHERM C. E.* en Italia, *CYPETHERM SCE-HAB* y *CYPETHERM SCE-CS* Plus en Portugal, así como *CYPETHERM RE2020* en Francia.

 **SABÍAS QUE...**

Puedes acceder al manual de uso de la herramienta, accediendo desde aquí:

https://redirectoronline.com/enac018po0324

4.5. C. E. R. M. A. (Calificación Energética Residencial Método Abreviado)

Esta herramienta ha sido desarrollada por el Institut Valencià de l'Edificació (IVE) y reconocido por el Ministerio para la Transición Ecológica y el Reto Demográfico para llevar a cabo la certificación energética de edificios nuevos y existentes.

Pantalla de inicio de la aplicación C. E. R. M. A.

Esta herramienta es gratuita y se puede descargar desde la página web: https://www.five.es/tienda-ive/cerma/.

Ejemplo de certificación usando C. E. R. M. A.

El primer paso que debemos llevar a cabo es la introducción de los datos del edificio en la aplicación. Algunos de ellos serán introducidos de manera automática por la propia aplicación, como la altitud y la latitud, así como la zona climática necesaria para el cálculo de la radiación solar establecida en el **Documento Base del CTE HE-1.**

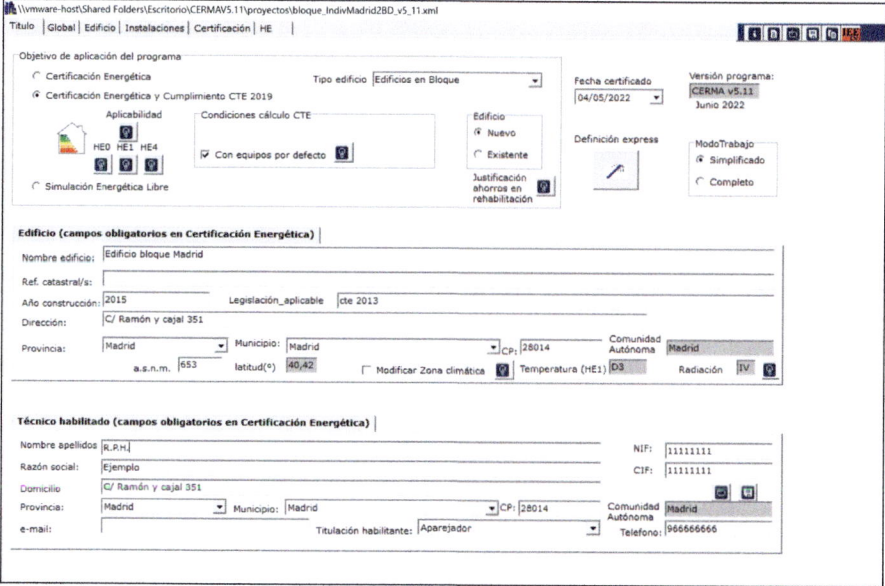

Pantalla inicial de introducción de datos y características del edificio

Dentro de la pestaña **Título** se deben indicar otros aspectos, como el modo de trabajo o tipo de edificio. Dependiendo de la selección que se lleve a cabo, provocaremos la aparición u ocultación de pestañas.

La siguiente pestaña que encontramos es **Global.** Dentro de esta se encuentran los datos necesarios para el cálculo de la ventilación y la calidad del aire interior.

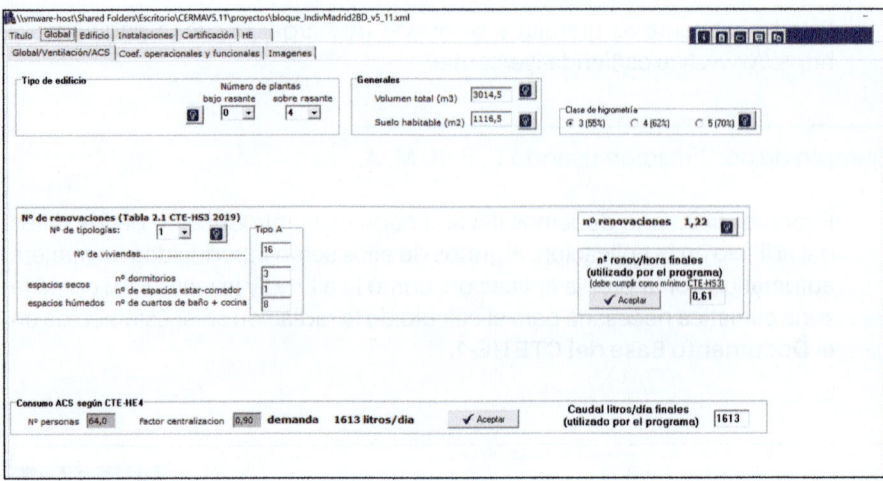

*Grupo correspondiente a la ventilación dentro de la pestaña **Global***

NOTA

Los datos calculados por la aplicación pueden ser modificados por el técnico correspondiente si los cálculos realizados difieren de los propuestos por la aplicación.

El grado de higrometría requerido se establece de acuerdo con la norma **UNE-EN ISO 13788:2016,** que establece las siguientes categorías:

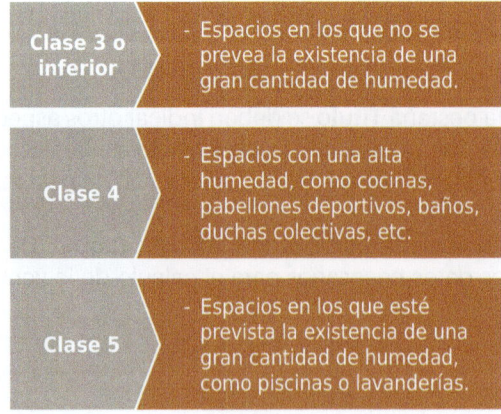

Clase 3 o inferior	- Espacios en los que no se prevea la existencia de una gran cantidad de humedad.
Clase 4	- Espacios con una alta humedad, como cocinas, pabellones deportivos, baños, duchas colectivas, etc.
Clase 5	- Espacios en los que esté prevista la existencia de una gran cantidad de humedad, como piscinas o lavanderías.

Dentro de la pestaña **Muros** se definen los muros del edificio o vivienda.

Los primeros que se deben incorporar son los muros exteriores. Esta aplicación dispone de una base de datos con los distintos cerramientos. En el caso de que ninguno se ajuste a nuestras necesidades, debemos definir uno nuevo.

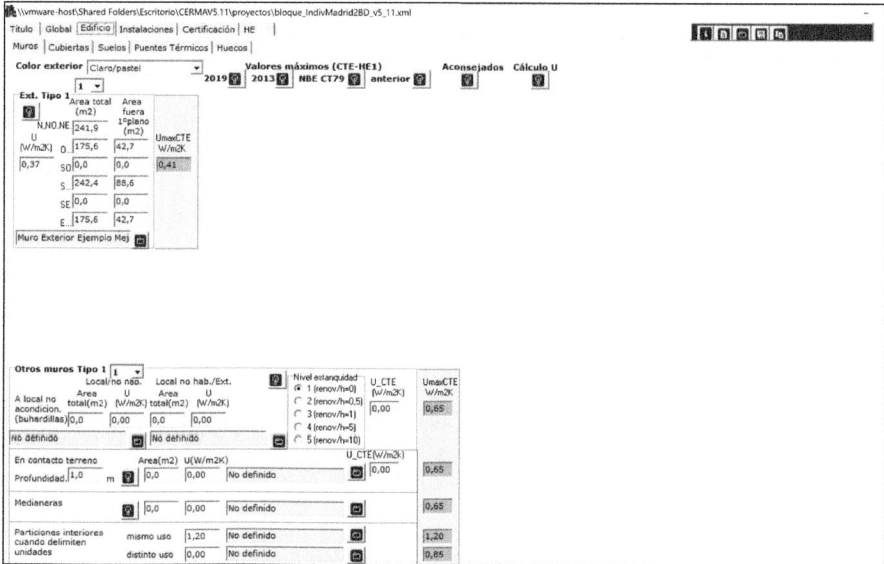

*Grupo **Muros** dentro de la pestaña **Edificio***

Además de los muros, se deben incorporar las características de otros elementos constructivos del edificio, como **cubiertas, suelos, huecos o puentes térmicos.**

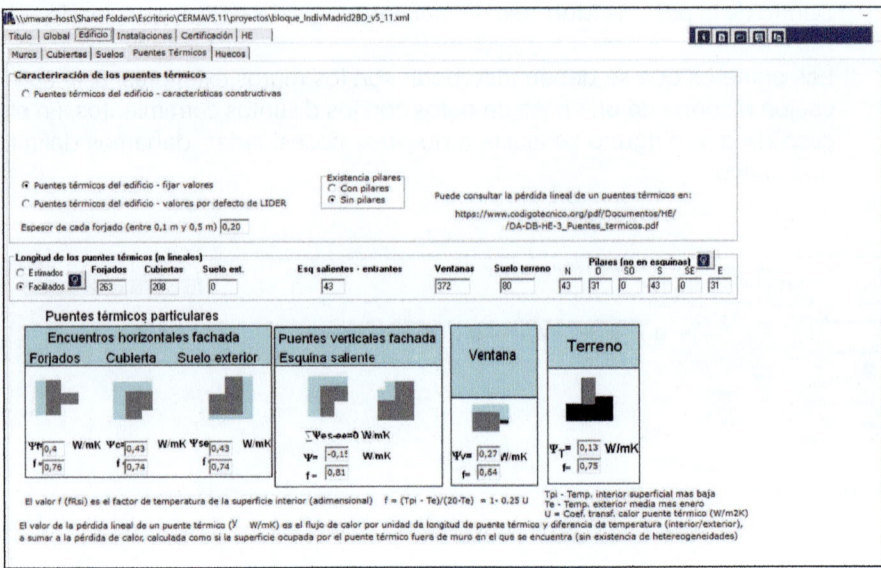

*Grupo correspondiente a los puentes térmicos del edificio dentro de la pestaña **Edificio***

 **RECUERDA**

Los puentes térmicos son los espacios en los que la envolvente se junta con puertas, ventanas, etc. Son uno de los puntos por los que se producen las mayores pérdidas si no se realizan correctamente.

La pestaña **Edificio** es la más importante, puesto que, en el caso de que se definan incorrectamente cualquiera de los apartados que la componen, estos tienen una influencia directa sobre los cálculos que se llevan a cabo por parte del programa.

Dentro de la pestaña **Instalaciones** se deben incorporar los equipos referidos a las instalaciones térmicas. Fíjate en que ya incorpora una pestaña para el caso en el que se utilice energía solar fotovoltaica en el edificio.

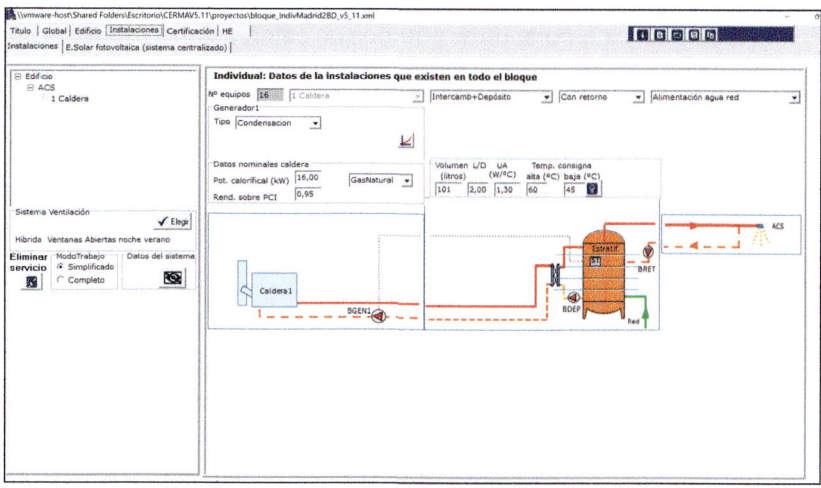

Grupo de instalaciones térmicas dentro de la pestaña **Instalaciones**

 **RECUERDA**

Dependiendo del modo de trabajo se muestran una mayor o menor cantidad de opciones.

Dentro del grupo correspondiente a la **energía solar fotovoltaica,** única-mente se deben incorporar los datos básicos de la instalación y la estima-ción de la energía generada por meses.

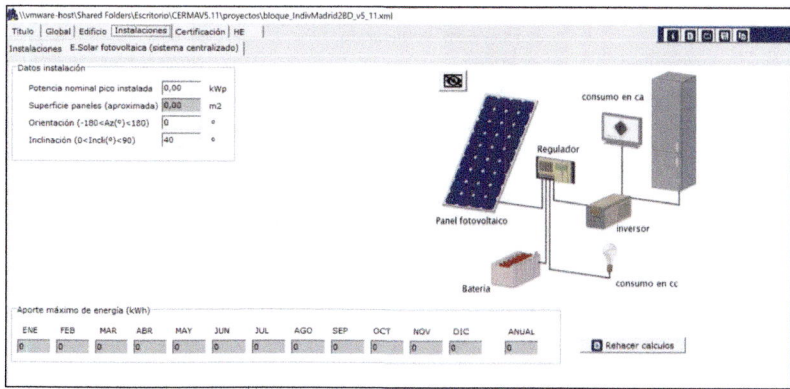

Grupo de estimación de energía solar fotovoltaica que generará el edificio

Si se desean incorporar **otros equipos** de **calefacción o refrigeración,** deben registrarse dentro de la misma pestaña.

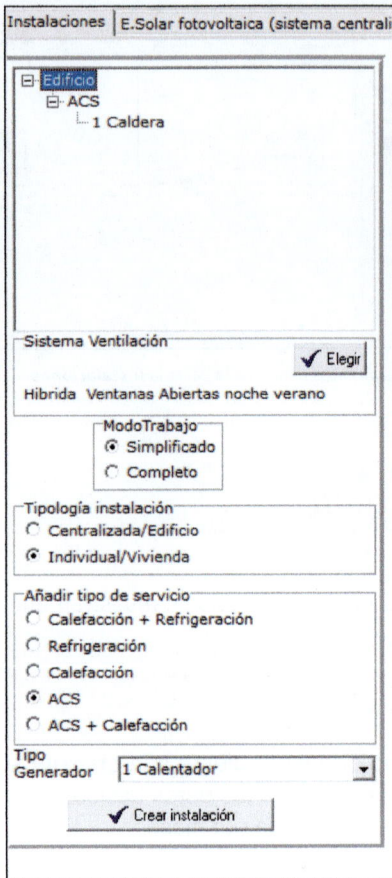

Apartado para incorporar nuevos equipos de calefacción o refrigeración

Una vez introducidos todos los datos relativos al edificio, ya está disponible, dentro de la pestaña **Certificación,** el resumen del cálculo de la calificación energética, pudiendo emitir y presentar, en el organismo correspondiente, el certificado de eficiencia energética del edificio o vivienda.

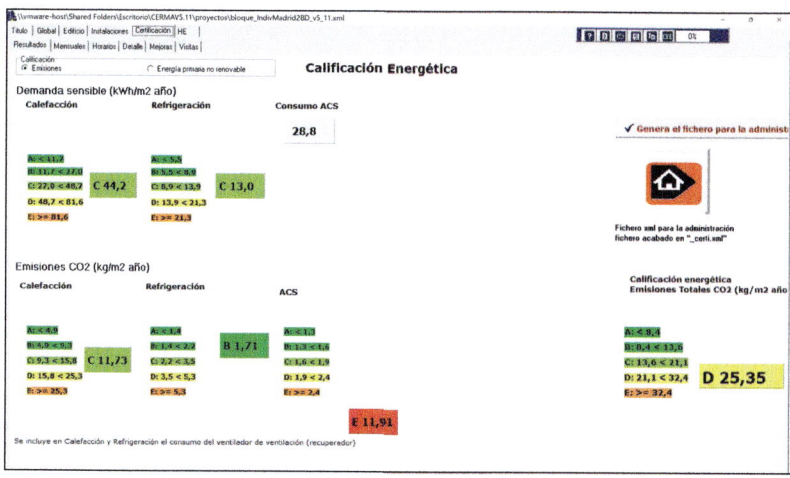

Resultado de la calificación energética del edificio correspondiente a las emisiones

Una vez revisados los cálculos, en el caso de que nos interese generar y presentar el fichero en el organismo correspondiente de la comunidad autónoma, lo podemos hacer directamente desde el programa, mediante el botón con el icono **de CERMA y confirmados.**

Este programa incorpora una pestaña denominada **HE** en la que se muestra el grado de cumplimiento de las distintas secciones que conforman el Documento Básico de Ahorro de Energía del Código Técnico de la Edificación.

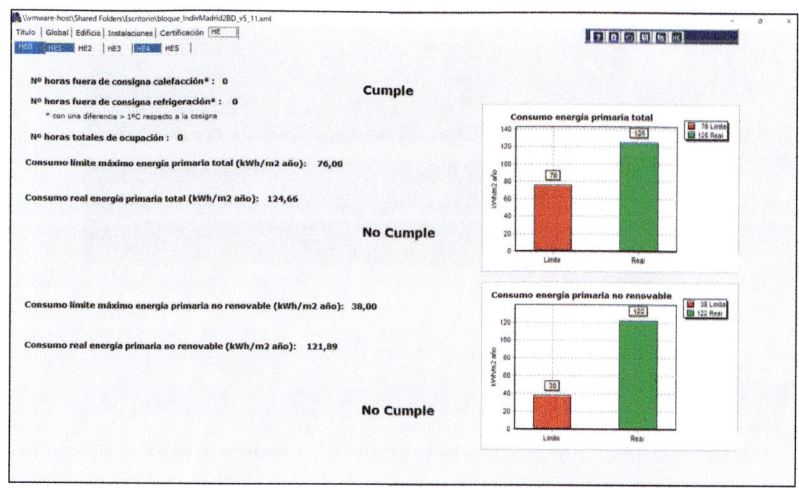

Resultado en el que se recoge el grado de cumplimiento de los requisitos establecidos en el Código Técnico de la Edificación (CTE)

IMPORTANTE

Las pestañas que se destacan son las de obligado cumplimiento, mientras que las que no se destacan es porque no aplican.

Los Documentos Básicos de Ahorro de Energía del Código Técnico de la Edificación se agrupan en:

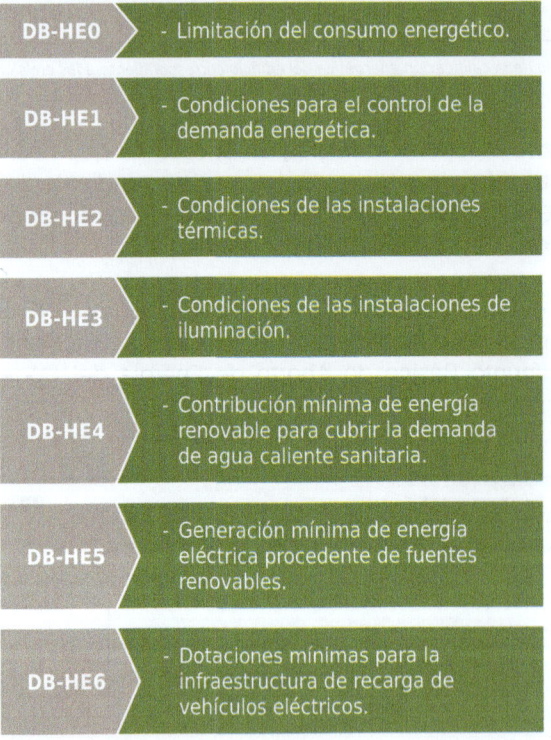

DB-HE0 — Limitación del consumo energético.

DB-HE1 — Condiciones para el control de la demanda energética.

DB-HE2 — Condiciones de las instalaciones térmicas.

DB-HE3 — Condiciones de las instalaciones de iluminación.

DB-HE4 — Contribución mínima de energía renovable para cubrir la demanda de agua caliente sanitaria.

DB-HE5 — Generación mínima de energía eléctrica procedente de fuentes renovables.

DB-HE6 — Dotaciones mínimas para la infraestructura de recarga de vehículos eléctricos.

4.6. TeKton3D TK-CEEP

TeKton3D TK-CEEP es un procedimiento acreditado para certificar energéticamente un edificio. Se encuentra registrado dentro del procedimiento general para la certificación energética de edificios en proyecto, terminados y existentes, pudiendo aplicarse en:

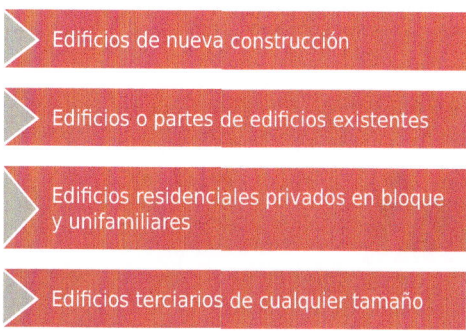

Edificios de nueva construcción

Edificios o partes de edificios existentes

Edificios residenciales privados en bloque y unifamiliares

Edificios terciarios de cualquier tamaño

Este procedimiento permite obtener directamente desde la aplicación la Certificación de Eficiencia Energética.

Como motor de cálculo para la simulación energética, utiliza *EnergyPlus TM,* que es el motor de simulación energética más utilizado internacionalmente.

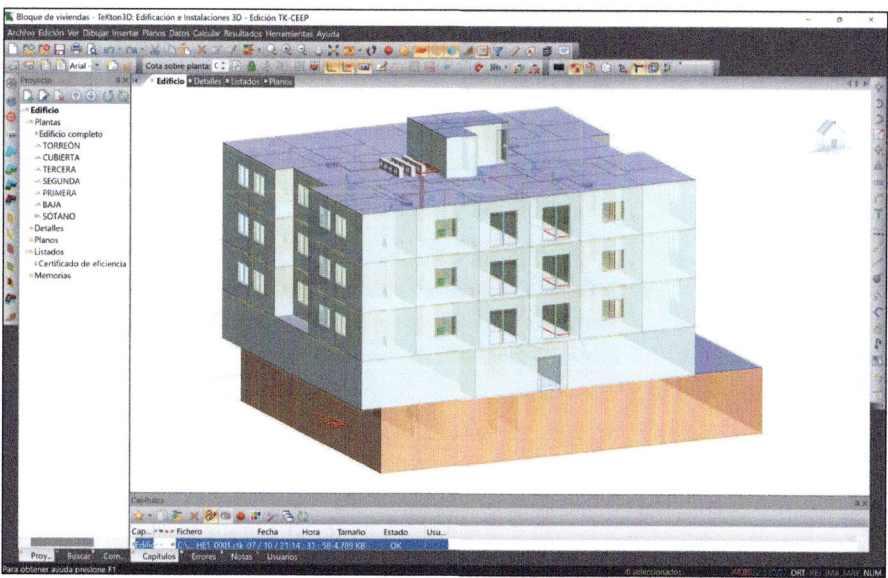

Pantalla de certificación de TeKton3D

5. Resumen

La Fundación Instituto Tecnológico de Galicia (ITG) es la entidad responsable de la certificación BREEAM® en España y está compuesta por:

La certificación BREEAM® ES establece los criterios de certificación según el uso y el tipo de edificio que se desee certificar. Actualmente, tiene cinco categorías:

El proceso que se debe seguir para llevar a cabo la certificación es el siguiente:

Proceso de evaluación usando BREEAM® ES

El cliente quiere certificar el edificio usando BREEAM® ES.	El cliente selecciona un asesor BREEAM® ES.	**Fase de diseño** El asesor registra el proyecto.
Se lleva a cabo la verificación por parte de BREEAM® ES.	**Fase de diseño** Se redacta el informe de evaluación.	**Fase de diseño** Se recopilan las evidencias del cumplimiento de las exigencias.
Se emite el certificado provisional por parte de BREEAM® ES.	**Fase final de construcción** El asesor solicita el certificado final.	**Fase final de construcción** Se recopilan las evidencias del cumplimiento de las exigencias.
Se emite el certificado final por parte de BREEAM® ES.	Se lleva a cabo la verificación por parte de BREEAM® ES.	**Fase final de construcción** Se redacta el informe de evaluación.

Responsabilidad del cliente.   *Responsabilidad del asesor BREEAM® ES.*   *Responsabilidad de BREEAM® ES.*

En toda certificación se establecen los asesores evaluadores como las personas encargadas de asegurar la independencia del proyecto y la entidad certificadora, por lo que se definen procesos de acreditación que garanticen una correcta implementación de los elementos que conforman la acreditación.

El Real Decreto 390/2021, de 1 de junio, establece las condiciones que deben cumplirse para la realización, obtención y registro de las certificaciones energéticas obtenidas por los edificios.

El certificado energético de un edificio tiene en cuenta, además de las características energéticas de la vivienda, el consumo energético de la vivienda a lo largo de un año, así como el número de personas que lo ocupan.

El Comité Técnico GBCe – Green Building Council España desarrolla diferentes herramientas asociadas a la consecución del certificado VERDE para reconocer la sostenibilidad de los edificios.

Las herramientas que este comité técnico pone a disposición de cualquier persona que quiera usarlas se agrupan en:

Además de la herramienta de certificación BREEAM®, también podemos apoyarnos en otras herramientas, cuyo funcionamiento es más sencillo, como son las Guías ihobe, el sello CENER, o VERDE.

El entorno *CYPETHERM HE Plus* se divide en secciones organizadas en diferentes pestañas **(Edificio, Planos de planta y Verificación normativa),** que se encuentran en la parte superior de la pantalla.

La herramienta C. E. R. M. A. (Calificación Energética Residencial Método Abreviado) ha sido desarrollada por el Institut Valencià de l'Edificació (IVE) y reconocido por el Ministerio para la Transición Ecológica y el Reto Demográfico para llevar a cabo la certificación energética de edificios nuevos y existentes.

Los Documentos Básicos de Ahorro de Energía del Código Técnico de la Edificación se agrupan en:

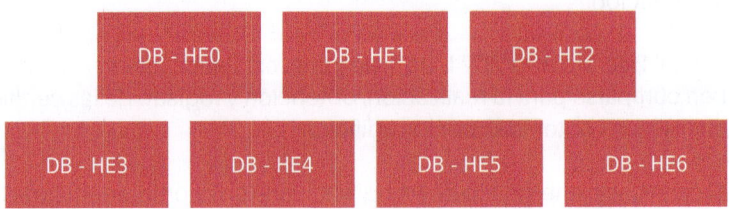

Algunas aplicaciones, como *TeKton3D,* incorporan los motores de cálculo para la simulación energética, lo que permite añadir opciones extra y reducir los cálculos que se deben llevar a cabo.

Ejercicios de autoevaluación
Unidad de Aprendizaje 3

1. BREEAM® ES no está conformada en su estructura por...

a. ... asesores.
b. ... Comité de Certificación.
c. ... Consejo Asesor.
d. ... promotores.

2. La certificación BREEAM® organiza los impactos constructivos en...

a. ... ocho categorías.
b. ... diez categorías.
c. ... quince categorías
d. ... cinco categorías

3. La categoría BREEAM® ES Urbanismo dispone de las categorías:

a. Gobernanza
b. Innovación
c. Recursos y Energía
d. Todas las opciones son correctas.

4. La categoría BREEAM® ES encargada de certificar viviendas unifamiliares es:

a. BREEAM® ES A Medida
b. BREEAM® ES En Uso
c. BREEAM® ES Urbanismo
d. BREEAM® ES Vivienda

5. La certificación que se debe aplicar a una vivienda que tiene más de dos años es:

a. BREEAM® ES A Medida
b. BREEAM® ES En Uso
c. BREEAM® ES Nueva
d. BREEAM® ES Urbanismo

6. El inicio del proceso de certificación BREEAM® ES lo debe llevar a cabo...

    a. ... el asesor BREEAM® ES.
    b. ... el cliente.
    c. ... el promotor.
    d. ... el propietario del terreno donde se edifique.

7. Para certificarse como asesor BREEAM® ES se debe...

    a. ... certificar un edificio al año.
    b. ... demostrar que se tienen conocimientos.
    c. ... seguir el proceso Solicitud -> Examen -> Licencia.
    d. ... trabajar en BREEAM® ES o empresas asociadas.

8. El Real Decreto que regula la certificación de la eficiencia energética en los edificios es el...

    a. ... 390/2021.
    b. ... 930/2021.
    c. ... 630/2021.
    d. ... 360/2021.

9. Dentro de las 5 P no se encuentra...

    a. ... planeta.
    b. ... presupuesto.
    c. ... personas.
    d. ... prosperidad.

10. Las edificaciones que no es necesario que cuenten con el certificado de eficiencia energética son:

    a. Edificaciones que deben permanecer abiertas.
    b. Viviendas unifamiliares.
    c. Construcciones provisionales.
    d. Las opciones a y c son correctas.

Glosario

Calor específico
Calor necesario para incrementar un grado la temperatura de un material determinado.

Caloría
Cantidad de energía necesaria para elevar un grado un gramo de agua.

Conductividad
Capacidad de un material para transmitir el calor de un lado al otro atravesándolo.

Confort lumínico
Nivel de iluminación que proporciona un bienestar a las personas.

Confort térmico
Satisfacción que proporciona la temperatura ambiente a las personas.

Consumo energético
Energía necesaria para satisfacer la demanda energética de un edificio.

Demanda energética
Energía necesaria para mantener unas condiciones de confort de acuerdo con el uso del edificio y su ubicación.

Edificio de consumo energético casi nulo
Edificio cuyo nivel de eficiencia energética es muy alto y que se cubre usando energías renovables.

Edificio neutro
Edificio en el que se consume la misma energía que se produce.

Eficiencia energética
Estrategias encaminadas a la reducción de la energía sin que se vean afectados los servicios.

Eficiencia energética de un edificio
Consumo estimado para satisfacer la demanda energética del edificio en condiciones normales de ocupación.

Emisiones de CO_2
CO_2 emitido durante el proceso energético. Se incluye la generación, la transformación, el transporte y el consumo de energía.

Envolvente térmica
Cerramiento del edificio que separa del exterior los recintos habitables.

Estanquidad
Capacidad de un elemento de no permitir el paso del agua o del aire a través de él propio.

Etiqueta de eficiencia energética
Distintivo que califica energéticamente un edificio.

Factor de forma
Relación entre la envolvente y el volumen del edificio.

Factor solar
Relación entre la radiación solar que atraviesa una superficie transparente y la que incide sobre esta.

Fuentes de energía renovable
Fuentes de energía que provienen de recursos naturales inagotables.

Instalaciones centralizadas
Instalaciones que distribuyen el calor o el frío desde un único punto hasta otros usando fluidos térmicos.

Microclima
Condiciones climáticas que se aplican a un espacio reducido y aislado distinto del que lo rodea.

Permeabilidad al aire
Propiedad de una puerta o ventana de dejar pasar el aire.

Porosidad
Cantidad de huecos que tiene un material expresado en tanto por ciento (%).

Protección solar
Material utilizado para evitar la entrada de calor del exterior en la edificación en época veraniega.

Puente térmico
Zonas de la envolvente que presentan una variación en la uniformidad del cerramiento en la construcción de la edificación.

Radiación solar
Energía radiada por el sol.

Resistencia térmica
Capacidad de un material para oponerse al paso del calor.

Transmisión lumínica
Cantidad de luz natural que atraviesa un cristal.

Bibliografía

Monografía

→ DOLLARD, T.: *Cómo proyectar viviendas energéticamente eficientes. Una guía ilustrada.* Barcelona: GG, 2020.

> Se puede considerar una guía ilustrada para el diseño y construcción de viviendas eficientes que reduzcan su consumo energético. Cada capítulo hace referencia a un sistema constructivo, mostrando los problemas de su implantación y las buenas prácticas que se deben llevar a cabo.

→ FEIRER, M., FRANKEL, A.: *Construimos una casa pasiva.* Madrid: Plataforma de Edificación Passivhaus, 2016.

> Este libro está enfocado en descubrir el sistema Passivhaus a los niños. Explica el funcionamiento de una casa pasiva, además de incluir distintos experimentos que pueden ser llevados a cabo por los niños.

→ GARRIDO de, L.: *Análisis de proyectos de arquitectura sostenible.* Madrid: McGraw-Hill-Interamericana de España, 2008.

> Libro en el que se establecen diferentes conceptos relacionados con la arquitectura sostenible y se realiza una propuesta metodológica para el desarrollo de proyectos arquitectónicos medioambientales.

→ GUZMÁN Pulido, P.: *Introducción a la edificación sostenible.* Madrid: Mundi Prensa, 2020.

> Este libro nos ofrece una visión genérica de los principales conceptos y sellos certificadores relacionados con la edificación sostenible.

→ PALOMAR Carnicero, J. M. *et alii*: *Análisis de ciclo de vida (ACV) en edificios sostenibles y descarbonizados.* Madrid: Paraninfo, 2022.

> Dentro de esta obra se plantea y analiza el marco normativo y las características de los edificios sostenibles y descarbonizados. Mediante la resolución de diferentes casos prácticos, se analiza el ciclo de vida (ACV) de los edificios como elemento de aplicación a la economía circular dentro del sector de la edificación.

→ PERIAGO Carretero, F.: *Guía de materiales para una construcción sostenible*. Murcia: Colegio Oficial de Aparejadores y Arquitectos Técnicos de la Región de Murcia, 2008.

> Esta publicación trata de recopilar los materiales sostenibles que se pueden encontrar en el mercado para que sirva de ayuda a los técnicos para la elección de materiales que favorezcan un desarrollo más sostenible.

→ REY Martínez, F. J., VELASCO Gómez, E., REY Hernández, J. M.: *Eficiencia energética de los edificios. Certificación energética*. Madrid: Paraninfo, 2018.

> Este libro analiza distintas metodologías certificadoras usadas en diferentes países, así como la calificación energética del edificio que está implantada en España. Para ello se apoya en el uso de las diferentes herramientas de certificación que se pueden encontrar disponibles.

→ REY Martínez, F. J., VELASCO Gómez, E., REY Hernández, J. M.: *Eficiencia energética de los edificios. Sistema de gestión energética. ISO50001. Auditorías energéticas*. Madrid: Paraninfo, 2018.

> Esta obra incorpora el sistema de gestión de la energía (SGEn) ISO 50001 y su aplicación para llevar a cabo una auditoría energética y conseguir que un edificio tenga una mayor eficiencia energética, un menor impacto ambiental y un ahorro económico.

→ The Plan: *Arquitectura sostenible*. Barcelona: PromoPress, 2017.

> Este libro presenta distintos proyectos en los que se ha incorporado la arquitectura sostenible. Para ello, los ilustra con planos, secciones, esbozos y fotografías de alta calidad.

→ TRAYNOR, J.: *EnerPHit: A Step by Step Guide to Low Energy Retrofit*. Londres: Riba Publishings, 2019.

> Este libro se centra en el acondicionamiento de los edificios usando el estándar EnerPHit, tanto en los edificios residenciales como en los no residenciales. Como está orientado a los especialistas en este campo, puede resultar muy técnico en algunas ocasiones.

→ WASSOUF, M.: *De la casa pasiva al estándar Passivhaus: la arquitectura pasiva en climas cálidos*. Barcelona: GG, 2014.

> Este libro explica el estándar Passivhaus y define lo que se entiende por *casa pasiva*. Se presentan los conceptos básicos, las tecnologías que utiliza y las pautas que deben seguirse en los países cálidos para su aplicación.

Publicaciones y páginas web *online* con recursos

→ Detalle de la política medioambiental europea, de:
<https://www.europarl.europa.eu/factsheets/es/section/193/la-politica-de-medio-ambiente>.

> Página que permite conocer la política medioambiental de la Unión Europea.

→ Herramienta de certificación medioambiental Level(s), de:
<https://environment.ec.europa.eu/topics/circular-economy/levels_en>.

> Página de la Comisión Europea en la que se presenta la herramienta Level(s), además de acceder a distintos aspectos que permiten trabajar con la herramienta.

→ Ministerio de Transportes, Movilidad y Agencia Urbana. Web Código Técnico de la Edificación, de:
<https://www.codigotecnico.org/QueEsCTE/ElCTEenElBOE.html>.

> Página web en la que se recogen todos los aspectos relacionados con el Código Técnico de la Edificación.

→ Ejemplo práctico de sostenibilidad medioambiental, de:
<https://www.senado.es/web/composicionorganizacion/administracionparlamentaria/sostenibilidadambiental/index.html>.

> Página web en la que se recoge el plan de sostenibilidad medioambiental del Senado de España.

Legislación y normativa

→ Directiva (UE) 2018/844 del Parlamento Europeo y del Consejo, de 30 de mayo de 2018, por la que se modifica la Directiva 2010/31/UE relativa a la eficiencia energética de los edificios y la Directiva 2012/27/UE relativa a la eficiencia energética.

→ Directiva 2010/31/UE del Parlamento Europeo y del Consejo, de 19 de mayo de 2010, relativa a la eficiencia energética de los edificios.

→ Ley 38/1999, de 5 de noviembre, de Ordenación de la Edificación.

→ Real Decreto 390/2021, de 1 de junio, por el que se aprueba el procedimiento básico para la certificación de la eficiencia energética de los edificios.